OUR
INNER
CONFLICTS

Karen Horney

我们内心的冲突

[美] 卡伦·霍尼 著

温华 译

上海译文出版社

目录

1　　　前　言

1　　　导　论

第一部分　神经症冲突和解决的尝试

13　　　第一章　神经症冲突的尖锐性

24　　　第二章　基本的冲突

38　　　第三章　亲近人

53　　　第四章　对抗人

64　　　第五章　逃避人

87　　　第六章　理想化形象

106　　　第七章　外化

122 第八章 制造假和谐的辅助手段

第二部分 未解决的冲突之后果

135 第九章 恐惧

146 第十章 人格尽失

172 第十一章 无望

184 第十二章 施虐倾向

210 结论 神经症冲突的解决

前 言

本书旨在推动精神分析领域的发展,它是一本基于我对病人和自己进行分析的经验之作。尽管本书中提到的理论已发展数年,但直到我着手准备美国精神分析研究所主办的系列讲座时,有些想法才最终成形。第一个讲座聚焦于这一课题的技术层面,题为"精神分析技术的若干问题"(1943)。第二个讲座囊括了本书涉及的问题,1944年宣讲时以"人格的整合"为题。其中的"精神分析疗法中的人格整合""孤僻心理学"(The Psychology of Detachment)和"施虐倾向的意涵"等部分,已在医学科学院和精神分析促进协会做过报告。

我希望本书能对那些认真致力于提升理论水平和治疗效果的精神分析学家有所帮助,希望他们不仅能将这些想法运用于他们的病人,其自身亦能从中获益。唯有全心投入、披荆斩棘，才能使精神分析研究获得发展。如果我们安于现状、不思进取，我们的理论将不可避免地走向贫瘠和僵化。

不过，我也相信，一部超越纯技术问题或纯抽象心理学理论的著作应当令所有想认识自己、想不断提升自我的人受益。大多数生活在现代文明中的人都深陷于本书所述的种种内心冲突，需要获得尽可能多的帮助。虽然严重的神经症需要请专家治疗，但我仍然认为，经过不懈努力，假以时日我们终将能够化解自己内心的冲突。

在此，我首先要感谢我的病人，是他们与我一起努力才使我更深入地了解了神经症。还要感谢我的同事，包括年长的同事以及研究所培养的年轻人，他们既热忱，又富有同情心，始终理解和支持着我的工作，尤其是年轻人和我进行的批判性讨论，既有启发性，又卓有成效。

我还要提到三个人，他们来自精神分析领域之外，却以自己特有的方式为我的工作提供了帮助。阿尔文·约翰逊博士，使我有机会把自己的观点提交给社会研究新学院，而在当时正统的弗洛伊德分析学是唯一被承认的精神分析理论与实践的学派。尤其要感谢克拉拉·梅耶，她是社会研究新学院哲学与文学系主任，几年来一直对我的工作表示出兴趣并不断鼓励我，要我将研究工作的点滴体会拿出来讨论。还有我的出版商

W. W. 诺顿，是他的建议帮我完善了这本书。最后（但并非最不重要的是），我想表达对米内特·库恩的感激，他给了我极大的帮助，使我能够更好地组织素材，更清晰地表述我的思想。

卡伦·霍尼

导 论

无论从哪里开始,也不管前路有多曲折,我们终会达成一个共识:人格障碍是精神疾病的根源所在。这一点,几乎囊括了所有心理学发现,因此它其实是一个再发现。各个时代的诗人和哲学家都知道,陷入精神错乱的绝不会是平静和谐的人,而是那些饱受内心冲突撕扯的人。用现代术语来说,每一种神经症,不管其表现为何种症状,都是性格神经症。因此,我们在理论和治疗实践中必须更深入地理解神经症的人格结构。

事实上,弗洛伊德创立的伟大理论不断在向这一认识靠拢——尽管他的发生学路径不允许他形成如此清晰的表述,但其他学者继承并发展了弗洛伊德的研究,尤其是弗朗茨·亚历山大[①]、奥托·兰克[②]、威廉·赖希[③]、哈勒德·舒尔茨-亨克[④],他们已经更清晰地界定了神经症性格结构,但对于这种性格结构的确切性质和反应方式还没有达成共识。

我的出发点与他们不同。弗洛伊德关于女性心理特征的假设,促使我思考文化因素的作用。文化因素对于我们理解男性气质和女性气质有着显著的影响,在我看来还有一点也很明显,即弗洛伊德之所以得出了错误的结论,是因为他没能将文化因素考虑进去。我持续研究这一课题十五年,与埃里希·弗罗姆⑤的合作某种程度上促进了我的研究,他以其渊博的社会学及精神分析学知识,使我更清楚地认识到社会因素的意义绝非仅限于女性心理学研究。当我于1932年来到美国时,这一想法得到了证实。我发现,这个国家的人的心态和神经症在许多方面都与我在欧洲观察到的不一样,只有文化差异能够解释这种差异。我的结论最终写进了《我们时代的神经症人格》一书

---

① 弗朗茨·亚历山大(Franz Alexander,1891—1964),美国内科及精神分析学家,曾任芝加哥精神分析研究所所长。1932年,卡伦·霍尼受其邀请,离德赴美担任该所副所长,任期两年。——译者
② 奥托·兰克(Otto Rank,1884—1939),犹太人,奥地利精神分析学家,精神分析学派最早和最有影响的信徒之一。——译者
③ 威廉·赖希(Wilhelm Reich,1897—1957),生于奥地利的美国精神分析学家。——译者
④ 哈勒德·舒尔茨-亨克(Harald Schultz-Hencke,1892—1953),德国精神分析学家和精神分析治疗师。——译者
⑤ 埃里希·弗罗姆(Erich Fromm,1900—1980),生于德国的美国精神分析学家。——译者

中，其中的主要观点是：神经症是由文化因素引起的——更确切地说，神经症是人际关系紊乱造成的。

在写《我们时代的神经症人格》之前的几年里，我遵循的是从早期假说发展出的另一研究路径。它围绕着一个问题展开，即神经症的内驱力是什么。弗洛伊德最先指出那是一种强迫性力量，类似本能，追求满足，拒绝挫折。因此，他认为这种力量并非神经症专有，而是在所有人身上都起作用。但是，如果神经症是人际关系紊乱的产物，这种假设就不可能成立。对此，我的观点可以简述为：强迫性驱力为神经症所特有，它们因孤独、无助、恐惧、敌意之类的情感而生，表现为患者与生活的相处之道；尽管如此，它们着重追求的并不是满足，而是安全感；它们的强迫性来自潜藏在表面之下的焦虑。其中两种强迫性驱力——对温情与权力的病态渴求——我在《我们时代的神经症人格》一书中做了重点论述，并提供了大量细节。

虽然我那时还牢记着弗洛伊德学说中的最基本原则，但已经意识到为了更好地理解神经症，我的研究已经不知不觉踏上了与弗洛伊德完全不同的方向。如果那么多被弗洛伊德认为是本能的因素其实都是由文化决定的，如果那么多被弗洛伊德确定为"力比多"的表现事实上都是对温情的病态渴望，是由焦虑引发，旨在追求安全感；那么，"力比多"理论就再也站不住脚了。童年经历固然非常重要,但其对个人生活的影响应当换个角度去观察。推而广之,其他理论上的差异也就不可避免了。因此,有必要表明我在思想上与弗洛伊德的异同,澄清这一点的结果就是《精神分析的新方法》一书的诞生。

与此同时,我对神经症内驱力的研究还在继续。我把强迫性内驱力称为神经症倾向,并在我的下一本书中描述了其中的十种表征。这使我再次认识到,神经症的人格结构是问题的核心。当时,我认为它是由诸多相互作用的小宇宙构成的一个整体,每个小宇宙的核心就是一种神经症倾向。这一神经症理论颇具实际效用。如果精神分析不再着重于将我们目前的困扰与过去的经验联系起来,而是去理解我们目前个性中各种力量的相互作用,那么只需借助很少的帮助,甚至不需要专家就能认识并改变我们自己将变得完全可行。鉴于心理治疗有着的广泛需求而大家能得到的帮助又极少,自我分析似乎有望满足这种需要。因为那本书主要讨论的是自我分析的可能性、局限性及操作方法,我将其命名为《自我分析》。

然而,我并不满足于对个体倾向的呈现。尽管我对这些倾向本身进行了精确的描述,但总觉得简单的罗列令它们显得太过孤立。我看得出对温情的病态渴望、强迫性的谦卑、对"伙伴"的需要其实是一体的。我没有看到的是,它们都代表了一种看待自己和他人的基本态度,一种独特的人生哲学。我所界定的"亲近人"(moving toward people)型,其核心就是这些倾向。我也看到,对权力和威望难以抑制的渴望与神经症的妄想颇为相似,它们大致构成了我称为"对抗人"(moving against people)型的要素。不过,对赞美的需要与对完美的追求虽然都有神经症的特点,并且影响着患者与他人的关系,但似乎主要还是与他和自身的关系有关。而且,对利用他人的需要似乎并不像对温情和权力的需要那样基本,也不像后者那样无所不包,就好像来自某个更大的整体,而不是一个独立的个体。

我的质疑已经得到了证实。随后几年里,我的兴趣点转向了神经症冲突的作用。我在《我们时代的神经症人格》中提到,神经症因不同神经症倾向之间的冲突而产生。在《自我分析》中我也指出,各种神经症倾向不但能互相强化,还会制造冲突。然而,冲突一直被当成次要问题。弗洛伊德早已意识到了内心冲突的重要性,但视之为受压制者与压制力之间的斗争。我所认识的冲突则是另外的类型,它们来自矛盾的神经症倾向之间,虽然最初与患者对他人的矛盾态度有关,最终却会包含患者对自己的矛盾态度,以及对立的性质和对立的价值观。

逐渐深入的观察使我视野大开,明白了这些冲突的意义。最令我震惊的是,患者对他们内心如此明显的矛盾竟然视而不见。当我向他们指出时,他们变得难以捉摸,似乎对此不感兴趣。如此反复几次之后,我意识到这种逃避表明患者对于解决矛盾有一种深深的厌恶。最终,他们在突然认识到冲突时表现出的那种恐慌让我明白我是在玩火。患者有很好的理由逃避这些冲突:他们害怕冲突的威力会让自己崩溃。

然后,我开始认识到,他们居然耗费了如此多的精力与智力,不顾一切地努力去"解决"那些冲突,或者更确切地说,去否认冲突的存在,以制造虚假的和谐。这些试图解决冲突的努力主要有四种,本书将根据它们出现的顺序依次展开讨论。最初的努力是遮蔽部分冲突,让对立面占上风。第二种是"避开"他人。如今我们对神经症的自我孤立功能已经有了新的认识,它是基本冲突的一部分,一种对待他人的矛盾态度,也代表了一种解决冲突的努力,因为在自己与他人之间保持情感上的距离会阻断冲突的发生。第三种努力则截然不同——患者不是逃避他人,而是逃避自己。对他来说,他的真实自我变得不再真实,他创造了一个理想的自我形象取而代之,冲突的各部分在这个"我"身上不再表现为冲突,而是被美化成一个丰满的人格的诸多层面。这一观点有助于阐明我们迄今仍未能理解也无法治疗的许多神经症难题，并且正确地定位先前抗拒整合的两种神经症倾向。现在看来，追逐完美就相当于塑造理想化的自我形象的一种努力，渴求赞赏可以看作患者对外界认可的迫切需要，即认为这一理想化形象就是真实的他。这个理想化形象离真实越远，这种需要就越贪婪。在解决冲突的所有努力当中，理想化形象很可能是最重要的，因为它对整个人格影响深远。但是反过来它也导致内心出现新的分裂，因此需要更多的修补。第四种解决冲突的努力主要是设法消除这种分裂，当然它也会偷偷抹去其他所有冲突的痕迹，通过这种我称之为外化的行为，患者的内心活动诉诸外部体验。如果理想化形象意味着从真实自我向外迈出一步，那么外化就代表与自我更激进地分离。它再次制造了新的冲突，或者严重放大了原有的冲突，即自我与外部世界的冲突。

我之所以称上述四种尝试为解决冲突的主要手段，部分是因为它们似乎在所有神经症中极为常见，尽管程度不同；部分是因为它们导致了人格的深刻变化。但它们绝非解决冲突的仅有途径，其他不那么普遍的策略还包括：武断的自以为是，其主要功能是消除内心所有的疑惑；严格的自我控制，可凭借绝对意志将分裂的自我捏合在一起；还有玩世不恭，贬低一切价值，以此消弭理想和现实之间的冲突。

与此同时，所有未解决的冲突造成的后果在我眼前逐渐清晰起来。我看到了由此产生的种种恐惧，被浪费的精力，不可避免的德行受损，因感到无法自拔而生出的深深绝望。

只有在我了解了神经症无望感的意义之后，才最终领悟了施虐倾向的意涵。如今我知道这些行为代表了一种尝试，由于一个人无力保持自我，便企图通过替代性生活方式求得补偿。当这个人贪得无厌地渴求报复性胜利时，我们常常可以从中观察到这种毁灭一切的激情，即所谓的施虐式追求。由此我明白，沉迷于这种破坏性自利行为实际上并非一种孤立的神经症，而是更复杂的整体病症在不懈地表现自己，因为没有更好的名词来指称这个整体，我们便称之为施虐狂。

一种神经症理论就此形成。神经症的动力核心在于"亲近他人""对抗他人""逃避他人"这三种态度之间的基本冲突。神经症患者一方面害怕自我分裂，另一方面又必须作为一个统一的整体来行动，所以就不顾一切地企图解决这种冲突。即便患者能成功地制造出某种虚假的均衡，新的冲突还是会层出不穷，源源不断地需要进一步的补救措施来平息。在这场追求人格统一的斗争中，每一步都会使神经症患者变得更有敌意，更无助，更恐惧，更加疏远自己和他人。其结果是，引发冲突的那些问题日益加剧，而真正的解决之道变得越来越遥不可及。

最终，患者会走向绝望，就算试图通过施虐行为寻求补偿，得到的也只是更多的绝望和新的冲突。

显然，这些关于神经症发展及其产生的性格结构的论述听起来有些凄凉。那么，为什么我仍然认为我的理论充满建设性呢？首先，它消除了那种不现实的乐观看法，即以为我们能用极其简单的方式"治愈"神经症，而又不会因此陷入同样不现实的悲观主义情绪。我说它有建设性，是因为它第一次引发了我们去思考并解决神经症的无望感问题，最重要的是，尽管它认识到了神经症的严重程度，却依然提出了积极的看法，不但有助于患者缓和潜在的冲突，还能够真正地解决冲突，从而有助于我们帮助患者建立真正统一的人格。神经症冲突不可能单凭理性解决，神经症患者为解决冲突付出的努力不仅徒劳，而且有害。但是，通过改变个性形成的条件，这些冲突是能够解决的。到位的分析工作其每一步都会改变这些条件，使患者感到不那么无助、恐惧，不那么疏远自己及他人。

弗洛伊德对治疗神经症持悲观看法，因为他极度怀疑人性有善的一面，怀疑人能够成长。他认为，人注定不是受害就是去害人，这种本能只能被控制或者至多"被升华"。而在我看来，人类既有能力也有愿望发展自己的潜能，成为体面的人。但是，如果一个人与自己及他人的关系不断受到干扰，这种能力就会退化,这种愿望就会变质。我相信人是会改变的,人只要活着就会不断改变自己。随着理解的不断加深,我对此愈加坚信不疑。

第一部分
神经症冲突和解决的尝试

第一章 神经症冲突的尖锐性

首先,请允许我说明一点:并非患了神经症才有冲突。我们的愿望、兴趣、信仰总会在某些时刻与身边的人发生碰撞,就像我们自身与周围环境产生冲突一样,我们内心的冲突是人生不可或缺的组成部分。

动物的行为大多受本能支配。它们的交配、育雏、觅食、避险或多或少都事先规定好了,个体无法选择。相反,能够选择而且必须做出决断是人类的特权,同时也是负担。我们可能不得不在各种背道而驰的愿望之间做出决定:例如,我们既想独处,也想有朋友相伴;我们既想学医,又想学音乐;或者我们的愿望和义务之间存在冲突,比如想与爱人消磨时光的时候,偏巧有人遇到麻烦需要帮助;我们可能会左右为难,既想赞同别人,又想反对他们。最后,我们可能处于两种价值观的冲突之中。例如，我们相信战时理当挺身报国，但又将守护家庭视为自己应尽的责任。

这些冲突的种类、范围和强度主要取决于我们所处的社会文明。如果这种文明是稳定的、坚守传统的，选择的种类就是有限的，个体可能发生冲突的范围也比较小。即便如此，冲突也并非没有。一种忠诚可能会妨碍另一种忠诚，个人的愿望也许与集体的责任相对立。但是，如果社会文明正处在急剧转型时期，高度对立的价值观和各不相同的生活方式并存，那么个人要做的选择就会既复杂又困难。一个人可以人云亦云，也可以我行我素；可以拉帮结派，也可以隐逸遁世；可以膜拜成功，也可以嗤之以鼻；可以坚信子女应当严加管教，也可以放手让他们自由成长。一个人可以认为男女之间存在不同的道德标准，也可以坚信两者应当一视同仁；可以认为性关系是亲密程度的表现，也可以把爱的成分从中剔除；可以怀有强烈的种族偏见，也可以坚信人的价值与肤色或鼻子形状无关，等等。

毫无疑问，生活在文明社会的人常常面临这样的选择，因而遇到上述冲突也是家常便饭。然而令人震惊的是，大多数人并没有意识到这些冲突的存在，所以也就不会采取任何明确的手段解决它们。人们多半会随波逐流，任由事情摆布。他们不清楚自己的立场，常常做出了妥协还一无所知，陷入矛盾却毫无察觉。此处我指的是正常人，既不平庸，也不理想化，而是没有患上神经症的人。

那么，想要认清矛盾并在此基础上做出决断，必须具备四个前提：首先，我们必须清楚自己想要什么，或者更重要的是，自己的感受如何。我们是真心喜欢一个人，还是因为应该喜欢他就自认为喜欢他？父母去世时，我们是真的伤心还是仅仅走个过场？我们是真心希望成为一名律师或者医生，还是仅仅被它们的职业地位和收入所打动？我们是发自内心地想要孩子幸福独立，还是唱唱高调而已？大多数人会发现回答这些简单的问题其实很难，因为我们不知道自己真正的感受和愿望。

由于冲突经常与信念或者道德观有关，所以若想认识冲突，我们必须先发展自己的整套价值观。从别人那里接收到的信念还不是我们自身的一部分，基本上不足以导致冲突，也难以成为做决断时的指导原则。当新的影响占上风时，这些信念很容易被抛弃。如果我们简单地接受了社会上流行的价值观，本来以我们自身利益为中心的冲突也就不会产生了。比方说，如果儿子从未质疑过思想僵化的父亲，那么，当父亲想让他选择某个他自己并不喜欢的职业时，他内心并不会产生多大的冲突。一个已婚男人爱上了别的女人时就真真切切地陷入了冲突，但是如果他自己并未建立起对婚姻的信念，他就只会顺势做出阻力最小的选择得过且过，而不是正视冲突，快刀斩乱麻。

即使我们意识到了这样那样的冲突，还必须愿意并且有能力放弃矛盾双方中的一个。但是，头脑清楚有意识的放弃是极不常见的，因为我们的情感和信念会纠缠在一起，也许归根结底在于大多数人都没有足够的安全感和幸福感，难以舍弃。

最后，做决定的前提是有意愿和能力为此承担责任。其中包含做出错误决定的风险，愿意承担后果而不怪罪他人。决策者会这么想："这是我的选择，是我自己的事。"还有一个前提是，这个人内心的力量和独立精神必须远远超过今天的大多数人。

尽管太多人被冲突勒得喘不过气来——但对冲突一无所知——我们还是会带着嫉妒和艳羡去看别人，他们似乎过得顺风顺水，丝毫没有受到内心任何骚动的干扰。这种羡慕也许不无道理。他们也许就是那种强者，已经建立了自己的价值体系，或者已经在经年的冲突中找到了安抚内心的办法，在他们那里，做决定的需要就失去了摧枯拉朽的威力。然而，外在表现会有欺骗性。多数时候，因为冷漠、顺从或者投机取巧，我们嫉妒的人并不能真正面对冲突，或者当真基于自己的信念来解决冲突，其结果只能是随波逐流或者被眼前利益左右。

有意地体验冲突尽管会带给人痛苦，却不失为一笔人生财富。我们越是勇于面对自己的冲突并寻找解决之道，内心就会越自由、越有力量。只有当我们愿意承受冲击时，才能接近我们的理想：做驾驭自己人生的舵手。虚假的平静其根源在于内心的迟钝，根本不值得羡慕，而且还必定会使我们虚弱无力，一遇到风吹草动就会缴械投降。

当冲突集中发生在生命中最重要的问题上时，面对并解决它们将会难上加难。但是只要我们对生活充满信心，什么也阻止不了我们。教育能够极大地帮助我们更好地认识自己，建立自己的信念。当我们认清人生选择中各种因素的重要性后，就会找到奋斗的目标，找到生活的方向。①

然而，一般人认识并解决冲突时普遍会遇到的困难，在神经症患者那里会无限增加。我必须指出：神经症，一直都是个程度的问题。当我提到"一位神经症患者"时，我指的是"这个人所得神经症的程度"。在他身上，觉察自己情感和愿望的能力处于低谷。通常情况下，他能清醒体验到的感觉只有害怕

---

① 正常人则因外界压力而麻木。参考哈利·爱默森·弗斯狄克的《做一个真实的人》会大有裨益。——原注

和愤怒,那是他脆弱的内心遭到打击时的反应。但即使是害怕和愤怒,也可能会被他压抑住。生活中确实存在这样的患者,完全受制于强迫性的标准,丧失了确定方向的能力。他在这些强迫性倾向下摇摆,不但无力放弃什么,就连为自己负责的能力也消失殆尽。①

因为同样复杂难解,神经症冲突可能会与正常人普遍面临的问题相混同。但两者分属的类别是如此不同,以致学界质疑使用同样的术语进行讨论是否欠妥。我认为这未尝不可,但必须清楚两者的区别。那么,神经症冲突的特征是什么呢?

举个比较简单的例子来说吧:某位工程师参与了一项机械研究工作,其间常有阵发性疲倦感和烦躁感。有一次发作的起因是这样的:在讨论技术问题时,他的意见被否定,而其他同事的意见被采纳了。不久,大家又在他缺席时做出决定,随后也没给他机会陈述自己的意见。在这种情况下,他本可以认为此事存在程序不公并奋起抗争;或者欣然接受大多数人做出的决定。这两种办法都是协调性反应,但他哪一种都没选。尽管他深感自己被人轻视,却不作反击,他清醒地意识到自己被激怒了,可是心底深处的愤怒只在梦中发泄。这压抑的愤怒其实

---

① 参见本书第十章《人格尽失》。——原注

是一种混合物——既有对别人所作所为的狂怒，也有对自己懦弱的狂怒——由此导致他身心疲惫。

他之所以未能做出协调反应，是由多种因素决定的。他一直自视颇高，而这种自大心理是需要他人的尊敬才能树立起来的，但当时他对此是毫无意识的。其行为的出发点一直是：在这个领域里，没有人像他那样有天资和才干。任何对他的轻视都可能会使这个出发点岌岌可危，从而挑起他的愤怒。此外，他还有无意识的施虐倾向，想要指责别人，羞辱别人。这种行径当然是他所厌恶的，所以必须用过分的友好掩饰起来。此外他还有种无意识的内驱力，即为了利己而利用他人，所以让他觉得自己必须在别人面前保持风度。迫切需要他人的赞许和喜爱，再加上他忍气吞声、避免争斗的态度，更加剧了他对别人的依赖。于是，冲突就出现了：一方面是具有破坏性的攻击倾向，以狂怒和虐待的冲动为特征；另一方面是完全相反的对喜爱和赞许的需要，力图让自己看起来平和而又通情达理。其结果就是，内心不被察觉的冲突大大激化，而外表则是倦怠无力，整个人的行为陷入瘫痪状态。

看一下这个冲突中包含的各种因素，我们首先会惊讶于它们的完全不协调。实在很难想象比这更极端的对立了，既高傲地要求别人尊敬自己，又讨好地屈从于别人。其次，他对整个冲突是无意识的。不是去认识在冲突中起作用的矛盾倾向，而是把它压抑在内心深处，内心即便波涛汹涌在外部看来不过是冒了几个小气泡而已。他为自己的情绪找到一些貌似合理的说辞：这不公平；这是对我的蔑视；我的想法更好。再次，两种相悖的倾向都具有强迫性。即便患者理性地觉察到了自己的非分要求，或者看到了自己依赖行为的存在和性质，他也无法自觉地做出改变。改变它们，需要基于大量的分析。他被两种自己完全控制不了的强力驱使，根本无法拒绝内驱力发出的任何要求，但这些无一代表他自己真正的需要或追求。他既不想去利用别人，也不愿逆来顺受，实际上他鄙视这些想法。不过，这个例子揭示的这种状态，对理解神经症冲突有着深远的意义，它意味着神经症患者无法做出任何可行的决定。

在另一个例子中也能看到类似的情景。一位自由职业的设计师从他的好友那里偷了点钱，这一行为无法用他所处的外部环境来解释。他的确需要钱，可他的朋友若知道定会欣然把钱给他，就像过去必要时所做的那样。他的偷窃行为尤其令人震惊之处在于，他其实是个体面的人，非常珍视友谊。

接下来要讲的冲突才是这件事的根源。这个人对温情有着明显的神经症需求，尤其渴望随时得到别人的照顾，其中还夹杂着一种利用他人的无意识倾向。而他达到目的的方法就是：讨好与威胁双管齐下。这些倾向本来会使他愿意并渴望接受帮助和救济，但也养成了他一种无意识的极度自傲，实际上脆弱得不堪一击。他觉得，别人应当以能够为他做点什么而倍感荣幸，去求人帮助则是丢脸的事。心中对独立自足的强烈渴望，强化了他对不得不求助他人的厌恶。对他来说，承认自己有所需要或者靠受人恩惠过活是难以容忍的。因此，他可以主动去拿，却不能被动接受。

这个例子中的冲突内容上与前一个例子不同，但关键特征是一样的。所有神经症冲突都会显示出冲突驱动力的不协调以及冲突的无意识和强迫性，因而总是导致患者在矛盾中无法做出决定。

如果我们假设一条模糊的界线，以此划分正常人的冲突和神经症患者的冲突，那么两者的基本区别在于：正常人冲突的两个对立面的悬殊，远不如神经症患者的大。前者是在两种行为模式之间做出选择，无论选择哪一种，在一个统一完整的人格结构中都是可行的。用一个图形来打比方，就是正常人冲突的两个方向只相差九十度或更小的角度，而神经症患者的冲突则可能达到一百八十度。

此外，两者的意识程度也有差别。正如克尔恺郭尔（Søron

Aabye Kierkegaard)①所指出的:"真实的生活纷繁多样,仅仅展示一些抽象的对比,例如完全无意识的绝望与完全有意识的绝望,根本无法描绘生活本身。"不过,我们还可以补充说:正常的冲突完全能被意识到;典型的神经症冲突则总是无意识的。就算一个正常人没察觉自己的冲突,只要稍加点拨他就能意识到。相反,产生神经症冲突的主要倾向会被患者极度压抑,要克服巨大阻力才能将它们发掘出来。

正常的冲突是在两种可能性之间做出切实可行的选择。两种可能性都是决策者真正的愿望或信念,都是他真正看重的。因此对他来说,做出一个可行的决定是很有可能的,尽管这也许非常艰难,并且需要有所舍弃。陷入冲突的神经症患者却无法自由选择,他被背道而驰的强迫性力量驱使着,而这两个方向他都不想去,所以他是不可能做出通常意义上的决定的,只会陷入困境,无路可走。只有分析他的神经症倾向并以此改变他与己与人的关系,才能让他完全摆脱那些倾向,冲突才会得到解决。

上述特征表明了神经症冲突的尖锐性。这些冲突不但难以辨识,而且令人无助,更具有一种破坏性的力量,令患者倍感

---

① 索伦·克尔恺郭尔,《致死的痼疾》,哈佛大学出版社,1941年。——原注

恐惧。除非我们了解这些特征并时刻铭记在心，否则将无法理解患者为解决冲突所做的绝望尝试①，而这恰恰构成了神经症的主要内容。

---

① 本书中我将用"解决"这一术语探讨神经症患者处理其自身冲突的尝试。因为他无意识地否认了它们的存在，严格地说，他就没有试图"真正解决"它们。他无意识努力的目的是"求解"自己的难题。——原注

第二章 基本的冲突

冲突在神经症中发挥的作用极大，大到远远超过人们的估计。不过，要发现它们却并非易事——原因之一是它们原本未被意识到，但更多是因为神经症患者往往想尽一切办法否认它们的存在。那么，是什么迹象使我们怀疑存在潜在的冲突呢？上一章所举的例子中，有两个相当明显的因素表明了冲突的存在。一个是冲突引起的症状——在第一个例子中是倦怠，在第二个例子中是偷窃。事实上，每一种神经症症状都表明存在着一种潜在的冲突；也就是说，每种症状差不多都是某种冲突的直接结果。我们将逐渐看到未解决的冲突对人的影响，看到它们是怎样使人陷入焦虑、沮丧、犹豫、迟钝、孤僻等状态的。对其成因的理解将有助于我们将注意力从紊乱之表象转向紊乱之根源——尽管还不能揭开根源的确切性质。

表明存在冲突的另一个迹象是自相矛盾的行为。第一个例子中,我们看到那个人确信自己遭到了不公平对待,却并没有表示异议。第二个例子中,那个人非常看重友谊,却偷了朋友的钱。有时候,处于冲突中的人会意识到这种自相矛盾;但更多时候,即便一个未经训练的观察者都能对矛盾一目了然,患者本人却茫然不觉。

自相矛盾的行为就像身体不适时体温升高一样,能确切地标示出冲突的存在。我们再举几个常见的例子:一个姑娘比谁都想结婚,却躲避所有向她求爱的男子;一位溺爱子女的母亲,却经常忘记孩子的生日;某人总是对别人很慷慨,却舍不得在自己身上花一点小钱;某人渴望独处,却从未尝试远离人群;某人对他人宽容忍让,对自己却挑剔严厉。

与症状不同,自相矛盾的行为常常有助于我们对冲突的性质做出试探性分析。例如,严重的抑郁仅揭示这样一个事实:此人陷入了某种困境。但是,如果一个看上去很心疼子女的母亲忘记了孩子的生日,我们就倾向于认为这位母亲更热衷于塑造一个好妈妈的形象,而不是关注孩子本身。我们甚至认为存在这样的可能性,即她作为好妈妈的理想与她无意识的施虐倾向——让孩子失望、受挫——正在发生冲突。

有时候,冲突会显现在表面,也就是说能被有意识地体验到。这似乎与我之前的结论——神经症冲突是无意识的——相矛盾，但实际上这是真正冲突的变形或扭曲。因此，尽管一个人能有效地施展回避策略，但还是发现自己必须做出重大决定，这时他可能就会处于有意识的冲突之中。他无法决定该娶这个女人还是那个女人，或者该不该结婚；无法决定该选这份工作还是那份工作；是保持还是解除某种合作关系。于是他经受着巨大的折磨，奔忙于对立的两者之间，完全不能做出任何决定。苦恼的他可能会求助于精神分析专家，指望后者来厘清这些问题。但他随后肯定会大失所望，因为当下的冲突是内心矛盾的最终爆发，不沿着漫长而曲折的道路追溯下去，不认清遮蔽在问题之下的冲突，他眼下的困扰是不可能解决的。

在其他例子中，内部冲突可能会外化，并显现在患者的意识层面，表现为他自身与周遭环境的格格不入。或者，当一个人发现那些似乎没来由的恐惧和压抑妨碍着他的意愿时，可能会意识到自己的纠结有着更深的源头。

我们对一个人的认识越充分，就越能识别那些导致冲突的因素，这些因素可以解释患者的症状、自相矛盾的行为和表面的冲突。甚而这个人由种种矛盾交织而成的内心世界也会越复杂。因此我们要问：在所有这些冲突之下，是否掩藏着一个基本的冲突，它是造成一切冲突的根源？我们能否绘制出冲突的结构图，以此观察——比如说，在一桩水火不容的婚姻中，因朋友、孩子、财务问题、用餐时间、仆人而起的无休止的、表面上互不相关的争论和吵闹，都表明这段关系本身存在某些根本矛盾？

自古以来人们就确信人的性格中存在基本冲突，而且这种信念在各种宗教和哲学中扮演着重要角色。光明与黑暗的交替，上帝与魔鬼的较量，善与恶的对峙，正是这种信念的表现形式。在现代心理学界，弗洛伊德对此进行了开拓性的研究，一如他在其他许多论题上所做的。他最先提出假说：基本冲突是介于我们盲目渴求满足的本能冲动，与令人生畏的环境——社会和家庭——之间的矛盾。这种环境在人幼年时内化，之后一直以可怕的"超我"面目出现。

这个观点值得认真讨论，但不太适合在此展开，因为这需要重述所有反对力比多理论的观点。所以，还是先不去管弗洛伊德的理论前提，让我们试着理解这个观点本身吧。这样就只剩下一个论点，即原始的、利己的驱动力和令人敬畏的良知之间的对立，正是各种冲突的根源。一如稍后将要揭示的，我也认为这种对立（或者在我看来与此大致相同的东西）在神经症结构中具有至关重要的作用，但我对它的基本性质持不同看法。我认为，虽然它是个主要冲突，但在神经症发展过程中却是继发性的，是结果而非根源。

我持异议的理由稍后将渐次呈现。这里只说一个：我不认为欲望和恐惧之间的冲突能够解释一个神经症患者内心分裂的程度，或者能够解释足以毁掉某人一生的有害结果。弗洛伊德假设的那种心理状态，意味着神经症患者还保持着全心全意追求某种东西的能力，他只是在追求的过程中因恐惧的阻碍而产生挫败感。依我看，冲突的根源是神经症患者丧失了一心一意达成愿望的能力，因为他的愿望本身是四分五裂、背道而驰的。①由此造成的状况要比弗洛伊德所设想的严重得多。

尽管我认为基本冲突的分裂性比弗洛伊德所说的要大得多，但对于最终解决基本冲突的可能性我要比他乐观。按照弗洛伊德的说法，基本冲突无处不在，原则上无法解决——我们所能做的不过是达成更多的妥协，或者更好地加以控制。而我的观点是，基本的神经症冲突不一定最先出现，如果出现了也有可能解决——只要患者愿意付出巨大的努力，承受极大的困苦。这不是悲观主义者和乐观主义者的区别，而是我们不同的理论前提得出的必然结果。

---

① 参见弗朗茨·亚历山大，《结构性冲突与本能性冲突的关系》，《精神分析季刊》第11卷第2期，1933年4月。——原注

弗洛伊德后来对基本冲突问题的解答相当有哲学意味，让我们再次把种种有关他思路的讨论搁置一旁，只看他关于"生""死"本能的理论。他将生死本能归结为人类的建设性力量和破坏性力量之间的冲突，但并不想深入探讨这一观点与冲突的关系，更感兴趣这两种力量是怎么融合在一起的。例如，他看到了解释受虐狂与施虐狂内驱力的可能性，认为那是性本能与破坏本能的聚合。

将我的这一观点应用于对冲突的研究，还需要引入道德观的讨论。然而在弗洛伊德看来，道德观是科学王国的非法入侵者。他依循自己的信念，努力发展着一种摒弃道德观的心理学。我认为，这种"忠于科学"（指自然科学）的努力恰恰限制了弗洛伊德的理论及相关疗法，是造成这两者过于狭隘的原因之一。更确切地说，这种态度似乎导致了他没能认识到冲突在神经症中的作用，尽管他已经在这一领域进行了大量的研究工作。

荣格①也相当重视这种相互冲突的倾向。实际上，他深感于个体的诸多矛盾，由此总结出一条普遍规律：任何因素的出

---

① 荣格（Carl Gustav Jung，1875—1961），瑞士精神病学家、精神分析学家。1907年开始与西格蒙德·弗洛伊德合作，发展及推广精神分析学说，后二人理念不和分道扬镳。——译者

现必然暗示着其对立面的在场。外在的阴柔暗示着内在的阳刚；表面的外倾，深藏的内倾；外表上偏重思考与理性，内心则偏重于感性；等等。可见，荣格似乎把冲突视为神经症的一个本质特征。然而他接下去却说，这些对立并不是冲突的，而是互补的，其目的是接纳彼此，从而接近理想中的那个完整的自我。对荣格来说，神经症患者就是一个陷入某种片面发展的人。荣格将这些观点归入他所谓的"互补法则"。现在我也认识到，那些对立倾向中包含着互补的因素，在一个完整统一的人格中两者缺一不可。但在我看来，这些倾向已然是神经症冲突自然发展的结果，它们紧抓患者不放，因为这代表了患者解决冲突的努力。比如，如果我们把那种内省、孤僻、更在意自己的所思所想而忽略他人的倾向看作是个人的真实意愿，也就是说，它是先天形成并由后天经验强化而来；那么，荣格的推论就是正确的。而有效的治疗办法就是向此人展示他潜藏的"性格外倾"倾向，指出两种倾向之中任意一个片面发展都是危险的，然后鼓励他接受并实践这两种倾向。不过，假如我们将内倾（或者，我更愿意称之为神经症的自我孤立）视为逃避因与他人亲密接触而造成的冲突的一种方式，那我们的任务就不再是鼓励他更加外倾，而是去分析那些潜藏的冲突。只有解决了这些冲突，才可能迈向心灵和谐的目标。

现在让我展开我自己的观点。我从神经症患者对待他人的矛盾态度里看到了基本的冲突。在详细论述之前,我要请大家回忆一下《化身博士》(*Dr. Jekyll and Mr. Hyde*)的情节,其中戏剧化地表现了这种矛盾。男主人公杰基尔医生/海德先生既是脆弱、敏感、富有同情心、乐于助人的,又是残暴、冷酷、自高自大的。当然,我并不是说神经症的分裂总是遵循这个故事的模式,只是想指出它生动地表现了那种对待他人的矛盾态度。

为从遗传学角度探讨这个问题,我们必须回过去讨论我称为"基本焦虑"[①]的概念,它指的是儿童在潜藏着敌意的世界所体会到的孤独感和无助感。环境中大量的不利因素会导致儿童产生这种不安全感,包括:直接或间接的控制、漠不关心、反复无常的行为、不尊重儿童的需要、不给予真正的指导、轻蔑的态度、过分的赞赏或无视、缺乏温情、不得不在父母的争执中站队、承担太多或太少的责任、过度保护、与其他儿童隔绝、偏袒、歧视、不守承诺、带有敌意的氛围,等等。

这里我唯一要特别强调的因素,就是儿童感觉到周围潜藏

[①] 卡伦·霍尼:《我们时代的神经症人格》,柯根保尔出版社,伦敦,1937年。——原注

着虚伪。他觉得父母的爱、他们的宗教慈善活动、诚实、慷慨等可能都是假装的。儿童感觉到的有一部分的确是虚伪,但也有一部分可能只是对父母行为中矛盾之处的反应。不过,限制因素通常都结合在一起,有的显而易见,有的深藏不露,因此我们只能在分析中逐渐认识其对儿童成长的影响。

这些令人不安的状况使得儿童不得不自己摸索成长的方式,并想办法对付这个可怕的世界。尽管他们势单力弱又心存忧惧,但还是在无意识的情况下形成了自己的策略,以应对环境中各种发挥作用的力量。在此过程中,他们不但有了临时性的策略,还形成了有持续性的性格倾向并成为自身人格的一部分,我将这些倾向称作"神经症倾向"。

如果想知道冲突是如何发展的,我们就不能把注意力局限于个别倾向,而应全景地审视在上述环境中儿童可以和实际做出的主要反应。这样做虽然暂时忽略了细节,却能得到更清晰的透视图,了解儿童为对付环境所采取的关键行动。起初看到的可能是一幅相当混乱的画面,但最后我们将从中提炼出三条主要线索:儿童会亲近他人、对抗他人或者逃离他人。

当他亲近别人时,是感受到了自己的无助,尽管内心恐惧,想疏远别人,却还是努力去赢得别人的喜爱,好依靠他们。只有这样做,他与别人在一起时才有安全感。如果家庭中存在不同阵营，他就会依附于那个最强大的人或群体。通过追随他们找到一种归属感和安全感，使自己感觉不那么弱小和孤独。

当他对抗别人时，是接收到了周围的敌意，而且觉得敌意的存在是理所当然的，于是或有意识或无意识地决定反击。他内心里怀疑别人对他的感情和意图，便使出浑身解数去反抗；他想成为强者并打败这些人，是出于自我保护的目的，也是为了报复。

当他逃离别人时，他既不想成为这些人中的一员，也不想与之对抗，而是只想保持距离。他觉得自己和这些人没什么共同语言，这些人根本不理解他。他筑了一个自己的世界，用大自然，用他的玩具，他的书，还有他的梦。

在这三种态度中，每一种都过分强调了基本焦虑所包含的一个因素，依次为无助、敌意、孤立。但实际上这三种倾向中的任何一种都不能完全占据儿童的心灵，因为在形成上述态度的条件下，三种倾向都必定会出现，而我们从全景图中看到的只是占优势的那种行为。

现在，如果我们进而探讨充分发展的神经症，这种状况会变得更加明显。我们都见过这样的成年人，他们身上突出表现了上述三种态度中的一种，但与此同时其他倾向并未停止发生作用。在一个典型的依附追随型人格中,我们可以观察到攻击性倾向和独处的需要;一个典型的敌视他人者,也有顺从的品质和独处的需要;而一个不合群的人也并非没有敌意或者不渴求友爱。

然而,占主导地位的态度正是主宰实际行为的那种。它反映的是一个人最得心应手的对付他人的手段和方法。因此,一个不合群的人自然会采用所有无意识的手段与别人保持安全距离,因为他在任何需要与人亲近相处的情境中都会感到不知所措。此外,居主导地位的态度常常是(但并不总是)患者的意识层面最易接受的心态。

这并不意味着那些不太显著的态度就没有力量。例如,我们经常很难确定,一个表面上依赖、俯首帖耳的人,其支配欲是否不及对温情的需要那么强烈,只不过他表达攻击性冲动的方式更隐蔽而已。被掩盖的次要倾向可能潜力巨大,许多例子已经证明它会取代占主导地位的态度。我们可以在儿童身上看到这种反转,但成人阶段也不乏其例。毛姆的小说《月亮和六便士》里那位思特里克兰德(Strickland)就是个很好的例子。女性的病史常常表现出这种转变。一个本来像假小子一样雄心勃勃、桀骜不驯的女孩,在坠入情网之后变成了个百依百顺、小鸟依人的女人,也不再想什么雄心壮志。或者,在遭逢重大变故之后，一个原本不合群的人会变得病态地依赖别人。

此处应该补充一点，即这类变化给了我们某种启发来回答一个被频繁提及的问题——后天经验是否毫无价值，我们是否早在童年就被环境定了型，永无改变的可能？从冲突的角度来思考神经症的发展，有助于我们给出一个较通常看法更为充分全面的解答。有这样一些可能：如果童年环境对自然成长的限制不那么大，后来的尤其是青春期的经历就能够影响人格的塑造。但是，如果早期经历的影响强大到已经塑造出孩子僵化的行为模式，那么任何新的经历也不能打破它的桎梏。原因之一是他身上的僵硬死板导致他不能敞开心扉接纳任何新经验：比如说，他的孤僻倾向可能太强大了，不允许任何人靠近；或者他的依赖性根深蒂固，总是被迫扮演一个受人支配的角色，招致别人的利用。另一个原因是他会用已有模式的那套语言来解释所有新的经验：比如说，攻击型人格在面对友谊时，要么将之视为愚蠢的表现，要么认为那是别人企图利用自己；新的经验只会强化他业已形成的行为模式。当神经症患者表现出不同于以往的态度时，似乎是后天经验带来了人格的改变，但是这种变化并不像它表现出来的那么彻底。实际上，是内外压力的结合迫使他抛弃了自己内心占主导地位的态度，转而支持另一个极端。但是如果没有冲突首当其冲，这种变化是不会发生的。

从正常人的角度来看，这三种态度没有理由相互排斥。一个人应该既能对别人让步，也能奋起反抗，还能独来独往。三者可以互补，走向和谐统一。如果其中一种成为主导，只能说明它在单向度上发展过头了。

但是对于神经症而言，这些态度的不可调和是有原因的。神经症患者不会变通，被迫去顺从、对抗、疏远他人，而不考虑这一行为在特定环境中是否恰当，并且一旦自己不按模式行事就会惶恐不安。因此，当三种态度以同样的强势出现时，他就会陷入严重的冲突。

另一个极大扩展了冲突范围的因素，是这些态度不再局限于人际关系的领域，而是慢慢侵入整个人格，就像恶性肿瘤蔓延到整个机体那样。最终，它们不但支配了这个人与他人的关系，还完全控制了他与自己、与整个生活的关系。如果我们不完全了解这种支配一切的特性，忍不住用绝对的字眼去看待冲突的结果，像爱对恨，屈从对违抗，随和对强势，等等，就会误入歧途，这无异于只抓住一个问题上的对立特征来分辨法西斯与民主，比如它们对信仰或权力的不同态度。这当然是它们的区别，但是过分强调这两点而忽略其他，就会混淆问题的关键：民主和法西斯分属不同的世界，代表着两种完全不相容的生活哲学。

冲突始于我们与他人的关系,随后影响整个人格,这并非偶然。人际关系是如此重要,必定会塑造我们的品质,影响我们为自己设立的目标以及我们信奉的价值。反过来,所有这一切又会影响我们与他人的关系,双方就这样交织在一起,难解难分。①

我认为,冲突产生于相互矛盾的态度,它构成了神经症的核心,因此必须称之为基本的冲突。还要补充一点,我用核心这个词不仅是在喻示它的重要性,更是要强调一个事实:冲突是神经症发散开去的动力中心。这一论点是神经症新理论的核心,该理论的内涵将在下文逐步呈现。宽泛地说,这一理论可视为我早期观点——神经症是人际关系紊乱的表现——的细化。②

---

① 既然与他人的关系和对自我的态度不可能截然分开,那么,有一种不时出现在精神病学著作中的观点就是站不住脚的。该观点认为,这两种关系中总有一种在理论和实践中是更重要的因素。——原注
② 这种观点最早出现在《我们时代的神经症人格》中,后在《精神分析的新方法》和《自我分析》中进行了详述。——原注

第三章 亲近人

只描述基本冲突在诸多个体行为中的作用，是不可能把基本冲突说清楚的。因为它极具破坏力，神经症患者就在它周围建起了防御机制，不仅遮蔽起来不让人看到，还将它深埋下去，使之无法以单纯的形式被提取出来。其结果就是从表面上看满是解决它的努力，却看不到冲突本身。因此，只关注病史细节将无法突显冲突的内涵和精微之处，我们所作的描述就必然会过于就事论事，无法让人洞彻全局。

此外，前面章节中的概述还需充实。要理解基本冲突的方方面面，我们必须先逐一研究对立的因素。而要达到一定的成效，就必须将个体分为几种类型仔细观察，每种人格类型由某一因素主导，且该因素对患者来说代表着更易接受的自我。为简便起见，我将把它们分为屈从型、攻击型和孤僻型三种[1]。在每个案例中，我们将聚焦于患者本人更愿意接受的态度而先不考虑隐藏的冲突。而每个类型中我们都将发现，对待他人的基本态度制造或至少培养了某种需要、品质、敏感、压抑、焦虑，还有特定的价值观。

这种研究方式可能存在缺点，但肯定也有优点。首先要考察各类型中比较突出的一系列态度、反应、信念的功能和结构，这样一来，当这些因素含糊不清地出现在类似病例中时，我们就更容易辨认出来。不仅如此，观察此类没有夹杂其他表现的症状，有助于我们全面了解三种态度内在的水火不容。让我们再回到民主与法西斯的类比上来：如果我们想指出民主与法西斯这两种意识形态的本质区别，应该不会以这样一个人为例——此人既有某种民主思想，又暗地里向往法西斯手段；相反，我们会首先从国家社会主义的文字宣传和实际行动中得出总体印象，然后将其与最具代表性的民主生活方式作对比。这么做将使我们清楚地看到两种信念之间的反差，并帮助我们理解那些试图在两者之间找到折中点的个人和群体。

第一组——屈从型，显示出所有"亲近"人的特点。他表

---

[1] 此处的"类型"一词只是对个性鲜明者的简称。我绝对无意在本章及后面两章建立一门新的类型学。类型学当然亟须建立，但必须在更广泛的基础之上。——原注

现出对温情和赞赏的明显需求,尤其需要"伙伴",即一个朋友、情人、丈夫或妻子,"他(她)能够满足患者对生活的所有期望,承担所有的责任,他(她)最主要的任务就是成功操纵屈从者"①。这些需要与所有神经症倾向有着相同的性质,即具有强迫性和随意性,一旦受挫便会产生焦虑和沮丧。这些需要起作用时,几乎不依赖"他人"的固有价值,也不依赖患者对他们的真实感觉。不管这些需要的表现方式是如何千差万别,它们都围绕着一个中心:渴望与人亲近,渴望"归属感"。因为屈从型人格的需要具有盲目性,所以容易高估自己与别人在兴趣爱好上的共同点,而无视那些分歧。②他对人的这种误判不是出于无知、愚蠢或者不会观察,而是受他的强迫性需要左右。他感觉自己———一如某位患者在其画作中描绘的那样——就像个婴儿,被奇怪而可怕的动物包围着。在那幅画里,一个小得可怜的女婴无助地站在中间,旁边一只巨大的蜜蜂,正准备叮她;一只狗,可能会咬她;一只猫,可能会扑过来;一头公牛,做出要顶她的样子。很显然,对他(她)来说,其他生物到底怎么样并不重要;重要的是,越有攻击性,越令人害怕

---

① 引自卡伦·霍尼的《自我分析》,柯根保尔出版社,伦敦。——原注
② 参见《我们时代的神经症人格》,同前,第二章和第五章,讨论的是对温情的需要;《自我分析》,同前,第八章,讨论多少病态的依赖。——原注

的，就越有必要去讨其"喜欢"。总之，这种类型的人需要被别人喜爱、需要、渴望、爱慕；需要感受到别人的接纳、欢迎、赞同、欣赏；人们——尤其是某人——离不开他，认为他至关重要；需要别人帮助他，保护他，照顾他，引导他。

在分析过程中，当医生向患者指出这些需要的强迫性特质时，患者很可能会坚称所有这些需要都是非常"自然"的，并且他当然有理由在此为自己辩护。我们可以断言：除了那些全身心都已被施虐倾向扭曲（下文会讨论），对温情的渴望已经被压抑到无力回天的人，其他人都希望被人喜欢，有所归属，能获得帮助，等等。这些患者的错处在于，他们宣称自己对温情和赞许不顾一切地渴望都是真实的，但实情是，真实的那部分被他对安全感永不知足的渴求彻底遮蔽了。

对安全感的渴求是如此迫切，以致他所做的每件事都是奔它而去。在此过程中，他形成了某种品质和态度，并由此铸成性格。其中一些可以说是讨人喜欢的：他对别人的需要很敏感——当然是在他情感上能够理解的范围内。例如，尽管他可能无法察觉一个孤僻者想要独处的愿望，却时刻准备着满足别人对同情、帮助、赞同……的需要。他自觉地尽力满足别人的期望，或者是他以为的别人的期望，常常因此忽略了自己的感受。他变得很"无私"，乐于自我牺牲，不苛求别人——只有一点例外，那就是对于温情的无尽渴望。他变得顺从，不仅过分善解人意——当然是在他能承受的范围之内，而且溢美之词脱口而出，轻易就感激涕零，还过分慷慨。他刻意对自己屏蔽了这个事实：内心深处的他其实并不怎么关心别人，在他看来别人都是虚伪而自私的。但是，（假如我可以用意识方面的术语去描述无意识的心理状态）他说服自己相信他喜欢所有人，这些人都是那么"好"，那么值得信赖。这个谬论不但会导致令人心碎的失望，还会增加他整体上的不安全感。

这些品质并不像患者本人以为的那么珍贵，主要是因为他根本不顾及自己的感觉或判断，只是盲目地给予，同时又不由自主地想得到同样的回报。如果没得到，整个人便会陷入严重的不安。

伴随着这些特性而来并与它们交叉重叠的是另一种倾向，即避免跟别人怒目相向，避免争吵，避免竞争。他会自甘从属位置，退居次要让别人去出风头；他会心平气和，与人无争，而且心无怨怼（至少在意识层面是这样）。任何报复或求胜的愿望都被压抑得如此之深，连他本人都经常会诧异自己竟然那么容易妥协，而且绝不会耿耿于怀太久。尤为重要的是，他还倾向于主动承担过错。这仍然是一种严重无视自己真实感受的行为——也就是说，不管他是真心觉得自己有错还是无辜——他都会自责而非责怪他人，而且面对明显的无理指责和有预谋攻击时，他会自我反省甚而直接道歉。

不知不觉间，这些态度就转化为明确的抑制机制。因为任何攻击性行为都是他的禁忌，我们发现这里的抑制机制涉及独断、爱挑剔、苛刻、爱发号施令、爱出风头、好高骛远。而且，因为他的生活完全是以他人为重心的，他的抑制机制就会常常阻止他为自己做点什么或者培养点什么个人喜好。这种状况发展下去会变成这样：他的任何体验——不管是一顿饭、一场演出、音乐还是自然风光——只要不与人分享，就会觉得毫无意义。不用说，如此严格地限制自我取悦，不但使他生活乏味，还让他愈加依赖他人。

除了刚才所说的那些理想化[①]品质之外，这种类型的患者对自己的态度还有某些特点。其中之一是那种无处不在的，觉得自己孱弱无助的感觉，换句话说就是"我是小可怜"。一旦需要他自己拿主意，他就不知所措，好像脱离了缆绳的小船，或者离开了仙女教母的灰姑娘。这种无助有一部分是真的，一个人如果无论何时何地都不能抗争，肯定会真的变弱。此外，他对人对己都坦陈自己的无助，这种感觉还会在他的梦中强

[①] 参见本书第六章《理想化形象》。——原注

化。他经常将此当作吸引别人或保护自己的手段:"你必须爱我,保护我,谅解我,不能抛弃我,因为我是如此孱弱无助。"

第二个特点来自他甘居人下的倾向。他想当然地认为每个人都比他强,比他更有魅力,更聪明,更有教养,更有价值。这种感觉是有事实依据的,因为他的优柔寡断削弱了他的能力。但即使在他毫无疑问擅长的领域,他的自卑感也会使他无视自己的优势,而去相信别人比他更有竞争力。在强势或傲慢的人面前,他对自我价值的认知还会加倍萎缩。即便是独处时,他也依然会低估自己的品质、天分和能力以及物质财富。

第三个典型特点属于他对别人的依赖感的一部分,即根据他人看法来进行自我评价的无意识倾向。他的自我评价随着别人的褒贬、爱憎忽高忽低。因此,任何拒绝对他来说都是毁灭性的打击。如果某人没有接受他的邀请,他会表现得通情达理,但在他不同于常人的内心世界里,自尊值已经跌到了谷底。换言之,任何批评、拒绝、背弃都是极其可怕的威胁,他会以最卑微的举动去赢回那个威胁者的认可。他这种打左脸给右脸的行为并不是由某种神秘的"受虐狂"冲动引发的,而是以他的内心假设为依据,是他能做出的唯一合理选择。

上述种种形成了他一套特别的价值观。自然,这些价值观本身的明确和坚定程度会随他的成熟程度而变化，它们指向善良、同情、爱、慷慨、无私、谦卑；而自私、野心、麻木、不择手段、弄权既是他深恶痛绝的，又是他偷偷倾慕的，因为这些特性代表着"力量"。

以上就是"亲近人"这类神经症所包含的因素。现在看来，仅用一个词比如屈从或依赖来描述显然是太不充分了，因为其中隐含着一整套思考、感觉、行为方式，这相当于生活方式的全部内容。

我曾保证过不讨论那些互相矛盾的因素，但是，如果我们不知道压抑对立倾向在何种程度上强化了居于主导地位的倾向，就不能充分理解这些态度和信念是多么牢固地依附在一起。所以，我们要看一眼它的另一面。在分析屈从型人格时，我们发现种种攻击性倾向都被强有力地抑制了。与表面上的过分在意相反，我们发现患者其实对他人漠不关心，还蔑视他人，有着无意识地依附或利用他人乃至操纵他人的倾向，而且永不知足地争强好胜或追求报复的快感。当然，这些被压抑的冲动在种类和强度上千差万别，其中有的是他早年与人相处的不良经验留下的阴影。比如，某人的病史表明他小时候时常大发脾气，到五岁或八岁时这种表现消失，取而代之的是过分温顺。但是，攻击性倾向也会受后天经验的强化和培养，因为敌意是许多源头持续不断地培养出来的。如果这样讨论下去的话，我们就会离题太远，超出本书的范围。在此，我们实际上只要指出一点就足够了：低调行事和"与人为善"只会招来他人的践踏与利用，即便依附他人也只会使自己更加脆弱。但反过来，这种脆弱又让患者感觉被忽略、被拒绝、被羞辱。无论何时，只要他对爱或赞许的过分需求没能实现，这些感觉就会产生。

当我说所有这些感觉、冲动、态度被"压抑"时，我是依据弗洛伊德的理论来使用这个术语的。也就是说，患者不但意识不到它们的存在，而且极其强烈地希望永远意识不到，为此他一直忧心忡忡地提防着，以免让自己或他人察觉到任何蛛丝马迹。至此，每一种压抑都对我们提出了这样的问题：患者压抑内心的某种冲动到底是为了什么？在屈从型人格当中，我们可以找到几个答案，但其中大部分我们只有在讨论过理想化自我和施虐倾向之后才能理解。而此刻我们能理解的，就是敌意的感觉或表现将会威胁到患者对于喜欢别人和被人喜欢的需要。此外，任何攻击性或自我肯定的行为在他看来都是自私的，他会自我谴责，并觉得别人也会谴责这些行为。他不敢冒着被谴责的风险行事，因为他的自我评价完全依赖于别人的认可。

压抑所有自信的、报复性的、野心勃勃的感觉和冲动还有另外一个作用，它也是神经症患者诸多解决冲突的尝试之一：创造一种和谐一体的感觉。我们内心对于和谐一体的渴求是一种很直白的欲望，它由两个因素促成：其一是我们的实际需要，它必须在生活中发挥作用，但当一个人一直被相反的力量驱使时，它就不可能实现了；其二正是由此产生的极端恐惧——害怕被分裂。通过掩盖所有矛盾因素来赋予某种倾向主导地位是一种无意识的努力，旨在构建和谐一致的人格。它是试图解决神经症冲突的主要做法之一。

至此，我们已经发现患者严格控制所有攻击性冲动有着双重目的：一是他的整个生活方式不能受到威胁；二是他那人为的和谐统一不能被破坏。攻击性倾向的破坏性越大，就越有必要清除它们。为了实现个人目的，患者会矫枉过正，绝不表露自己的任何需要，绝不拒绝别人，总是对每个人示好，一贯退居幕后，等等。换言之，屈从、讨好的倾向被强化，变得更具强迫性，也更盲目。①

当然，所有这些无意识的努力并不能阻止那些被压抑的冲动发挥作用或表现出来，但当压抑的方式符合神经症结构时，

---

① 参见本书第十二章《施虐倾向》。——原注

就能够达到目的。患者会对他人有所要求,"因为他好可怜",或者在"爱"的伪装下暗行支配他人之实。被压抑的敌意积蓄到一定程度,就会以不同的威力爆发,在突发的恼怒和大发雷霆时出现。尽管这些爆发与患者平常表现出的温柔平和不符,但在他自己看来是合情合理的。按照他的假设,他完全没有错。因为不知道自己对别人的要求过分而又自私,他时常会禁不住觉得自己遭到了不公平对待,简直无法再忍受下去。最终,如果压抑的敌意积聚了引发无名火的力量,就会导致各种功能失调,像头疼或胃部不适。

因此,屈从型人格的绝大多数特征都具有双重动机。例如,当他自我贬低时,其目的在于避免与他人摩擦而求得一团和气,但这可能也是抹除他那高人一等愿望之痕迹的手段。当他让别人利用自己时,既是在表现他的顺从和"善良",也可能是在避开自己想利用别人的愿望。要克服神经症的屈从倾向,就必须以正确的顺序对冲突的两方面进行彻底分析。从一些保守的精神分析著作当中,我们有时会得出一种印象:"解放攻击性"是精神分析治疗的关键。这种方法体现出对神经症结构的复杂性和特殊性的无知,实际上它只有在针对某种特定类型进行讨论时才有效,即便在此其效果也是有限的。对攻击性冲动的揭示就是解放,但如果将"解放"当作最终目的就很容易对患者造成伤害。如果想让患者的人格最终协调统一，就必须彻底分析他身上的各种冲突。

我们还需要注意爱与性在屈从型人格中扮演的角色。在患者看来，爱情常常是他唯一值得奋斗、值得为之活下去的目标，没有爱情的生活是乏味、徒劳、空虚的。借用弗里茨·维特尔斯（Fritz Wittels）①对强迫性追求的描述就是：爱情成了幻影，却仍一味去追逐，别的什么都不要。他人、自然、工作、所有的娱乐或爱好，除非其中有某种恋爱关系赋予它们风情和趣味，否则都将毫无意义。事实上，在我们所处的文明中，这种执念在女性身上表现得更频繁、更明显，因而业已形成一种看法，即它是女性特有的渴望。其实呢，它与性别没有半点关系，只是一种神经症症状，一种非理性的强迫性冲动。

如果我们了解屈从型人格的结构，就会明白为什么爱情对这类人如此重要，为什么"他的疯狂自有一套"。考虑到他那些互相矛盾的强迫性倾向，爱情实际上是满足他所有病态需要的唯一方式：它既能满足被人喜欢的需要，也能实现支配他人的需要（通过爱）；既满足他甘居次席的需要，也实现他高人一

---

① 弗里茨·维特尔斯：《神经症患者的无意识幻影》，见《精神分析季刊》第 8 卷第二部分，1939 年。——原注

头的需要(通过伴侣专一的爱)。它既允许他在一个合情合理的、无辜的甚至是值得赞许的基础上实践所有的攻击性冲动,又允许他表现他已经习得的所有讨人喜欢的品质。此外,由于他没有意识到自己的阻碍和苦楚皆来自内心的冲突,爱情就成了解决所有问题的灵丹妙药,只要能找到一个爱他的人,一切问题都会迎刃而解。指出这种愿望是痴心妄想很容易,但显然远远不够,我们还必须理解他的无意识推理的个中逻辑。他认为:"我既脆弱又无助,只要我孤身一人生活在这个充满敌意的世界上,我的无助对我便是种危险和威胁。但是如果我找到那么一个人,爱我超过任何人,我就不再危险了,因为他(她)会保护我。有了他,我无需再为自己劳心劳力,因为不必我张口去要或解释,他就会理解并给我我想要的一切。实际上,我的弱势成了优势,因为他会爱上我的无助,而我可以依靠他的力量。只为自己,我是主动不起来的,但如果是为了他,或者他想让我为自己做点什么,我也会热情高涨、当仁不让。"

他继续推想——再次重现那种部分深思熟虑、部分只凭感觉、部分完全无意识的推理:"独处对我来说是种折磨。并不仅仅因为我无法从无人分享的事情中找到乐趣,那感觉远比这糟得多,我感到失落,我很焦虑。周六晚上我当然可以独自去看电影或在家读书,但那太丢脸了,因为这说明没人需要我。

所以，我必须精心安排，绝不在周六晚上或其他任何时候独处。可如果我找到了那个爱人，他就会把我从这折磨中解放出来，我再也不会孤身一人了。现在毫无意义的一切——无论是准备早餐还是工作，抑或是去看日落——都将变成乐事。"

他还会这样想："我缺乏自信，总感觉别人都比我有实力，有魅力，有天赋。即便是我已经努力完成的事也不算数，因为我并不能真的从中获得自信。我也许一直在虚张声势，或者那不过是一个侥幸的例外，我根本没有把握再来一次的话自己是否还能完成它。如果人们真的了解这一点，就无论如何都不会再对我委以重任了。但是，如果我找到一个就爱我本来面目的人，并且把我看得比什么都重，我就不再是个可有可无的人了。"所以，难怪爱情有着海市蜃楼般的诱惑力；难怪患者会牢牢抓住它不放，为它舍弃了远比这艰苦的尝试：从内心深处改造自己。

性交，抛开其本身的生物功能不谈，同样具有证明自己被人需要的价值。屈从型人格越是倾向于独立（因为害怕情感的投入），或者越是对被爱感到绝望，就越可能用单纯的性行为取代爱情。他会以为那是与人亲近的唯一途径，而且会像高估爱情一样高估它，以为它有能力解决一切。

如果我们小心避免走以下两种极端：一种是认为患者过分

强调爱情是"完全自然"的事，另一种是直接扣上"神经症"的帽子；我们就会明白，屈从型人格对爱情的期待符合其生活哲学的逻辑。就像我们经常（或者一直如此？）在神经症症状中看到的那样，患者有意识或无意识的推理其本身是无懈可击的，却建立在了错误的前提上。这个站不住脚的前提就是，他误将自己对温情的需要与真正去爱一个人的能力混为一谈，彻底忽略了自己的攻击性和破坏性倾向。换言之，他忽略了神经症的全部冲突，期盼不必改变冲突本身就能避免其恶果，避免那些未解决的冲突。这是所有的神经症患者试图解决冲突时的典型特点。也正因为如此，这些努力注定要失败。不过，对于试图把爱当作解药的人，我们还得说一句：如果屈从型患者有幸找到了一位既强大又体贴的伴侣，或者这位伴侣的神经症恰好与他本人的互补，他的痛苦可能会大大减轻，并获得某种程度的幸福感。而实际情况往往是这样的：他期盼从这种关系中找到幸福的天堂，但现实只会将他推入更深的苦海。他极有可能将自己的冲突带入其中，然后毁了这种关系。往最好的方面去想，也不过是减轻一点现实的痛苦罢了。只要他的冲突没有解决，他的成长之路就一直会阻碍重重。

第四章 对抗人

在讨论基本冲突的第二个方面——"对抗人"倾向时，我们将沿用前面的方法考察这种攻击性倾向占主导的类型。

屈从型人格笃信世人皆"善"，却常常遭到相反例证的打击；攻击型人格则觉得世人都怀有敌意，而且拒绝承认别人并非他想象的那样。对他来说，生活就是一场没人能置身事外的对抗，胜者为王，败者为寇。即使他承认存在一些例外也并非心甘情愿，而且还会有所保留。他的态度有时相当明朗，但更多时候隐藏在礼貌周到、公正不阿和待人友善的伪装之下。这种表面文章像是一种马基雅维利①式的权宜之计，而实际上，它只是一个包含了伪装、真实情感和神经症需要的大杂烩。他渴望别人相信他是个好人，其中或许确实带有几分真正的善意，但条件是所有人都听他号令。这当中还有一些对温情与赞许的神经症渴求,但这种渴求却是为了实现他的攻击性目标。对屈从型人格而言,这样的表面文章并无必要,因为他的价值观总是与社会或宗教认可的美德相一致。

事实上,攻击型人格的需要与屈从型人格的需要同样具有强迫性。要理解这一点,就必须认识到这些需要皆由患者的基本焦虑所激发。之所以强调这一点,因为在屈从型人格的患者身上如此明显的恐惧因素,却从未被攻击型人格的患者所承认或表现出来。在他身上,所有一切都是坚不可摧的,或最终会变得(或至少看上去)坚不可摧。

他的需要植根于一种感觉:世界是个竞技场。在这里,一如达尔文所言,弱肉强食,适者生存。能否生存,很大程度上取决于一个人所处的社会文明,但无论如何,无情地追逐个人利益都是至高无上的法则,因此他的头等需求就是控制别人。而控制手段可谓花样繁多,可以直截了当地使用权力,也可以用关怀备至或赋予责任来间接操控。他可能更愿意做后台老板,采取知识分子的方式,以此表明他相信通过理性判断和高瞻远瞩便可使一切尽在掌握。他独特的控制方式部分有赖于其

---

① 马基雅维利(Niccolò di Bernardo dei Machiavelli, 1469—1527),意大利政治家和历史学家,以主张为达目的可不择手段而著称于世。——译者

个人天赋，部分反映了互相冲突的倾向的融合。比方说，假如这个人在控制的同时还倾向于自我孤立，他就会回避任何直接的控制，因为那会让他与别人的联系过于密切。如果他暗暗渴望别人的温情，也会更倾向于采取间接的控制。如果他的愿望是做后台老板，就会表现出施虐倾向，因为这样才能利用他人达到自己的目的。①

与此相伴的需要还有高人一等、获得成功、赢得个人威望或者得到任何形式的认可。为这类目的所做出的努力有些是奔权力去的，因为在充满竞争的社会里成功和声望能赋予人权力。但它们也会给人一种主观上的感觉，那是一种由外界的肯定、称赞以及已成事实的无上权威所支撑的力量感。与屈从型人格相同的是，攻击型人格追求的重心也在自身之外；不同的是，他想从他人那里得到的肯定是别样的。但到头来，两者的努力都是徒劳。当这种类型的人纳闷成功为何没能减少他的不安全感时，只能表明他们对于心理学是多么的无知，而这一事实恰恰说明他们俨然将成功和声望当作了人生的标尺。

在攻击型人格的精神世界存在着一种强烈的需要，即想要利用他人，智取他人，使之能为其所驱驰。他考虑任何情况与

---

① 参见本书第十二章《施虐倾向》。——原注

关系的出发点都是"我能从中得到什么",看它是否能带给他金钱、名望、人脉或者创意。此人有意识或半有意识地确信,每个人都是这样行事的,所以最管用的办法就是比别人做得更游刃有余。他身上的特质几乎完全与屈从型人格相反,变得顽固而强硬,或者表面上如此。他认为所有的感情,包括他自己的和别人的,都是"拖泥带水的多愁善感"。对他来说,爱情无足轻重。并不是说他从没有"坠入情网"或者永远不会与人眉来眼去或结婚,但他在其中最关心的不是感情,而是拥有一个特别能激起他欲望的伴侣。凭借这位伴侣的魅力、社会地位或财富,他自己的地位也可以得到提升。他想不出有任何理由要去体贴别人:"我为什么要去照顾别人?——让他们自己照顾自己好了。"对于那个古老的道德难题——两人同舟只能一人生还,他的答案是:当然是想方设法自保啦,不这样做的都是傻子和伪君子。他讨厌承认自己也会害怕,并且还会用极端的方式去控制它。例如,他会强迫自己待在一间空屋里,尽管他十分害怕会有坏人破门而入;他会逼自己骑在马背上,直至克服了对马的恐惧;他会故意穿过毒蛇出没的沼泽,就为了消除自己对蛇的畏惧心理。

与屈从型人格喜欢息事宁人相反,攻击型人格遇事每每都像个斗士。在争论中,他总是机警而敏锐,不遗余力地投入其中，只为证明自己是对的。当他走投无路，除了放手一搏别无选择时，他会精神抖擞，浑身是劲。与屈从型人格害怕做赢家相反，他是个没风度的输家，只能赢不能输。如果说屈从型人格随时会责怪自己，那么他则随时会责怪别人，两者的相同之处在于他们都没有过失感。屈从型人格认罪绝不是认为自己错了，只不过为了息事宁人。同样，攻击型人格也并不认为别人就是错的，他只是想当然地认为自己不会错，因为他需要这种主观上的自我肯定，就像一支军队需要一个安全阵地才能发起攻击。对他来说，在并非绝对必要时承认自己犯错，就算不是彻头彻尾的愚蠢，也是不可原谅的示弱行为。

他认为自己必须与充满恶意的世界对抗，由此养成了一种敏锐的务实态度。他绝不会"天真"地忽略掉别人的野心、贪婪、无知，或者其他任何可能妨碍他实现目标的表现。因为在一个充满竞争的社会里，类似的品性要远比真正的体面、正派更常见，于是他认为只有他自己是务实的，所以他的想法是合情合理的。当然，他其实与屈从型患者一样片面。他的务实还有另一种表现，那就是强调计划性和预见性。他会像优秀的战略家那样在每件事上都小心评估自己的机会、对手的实力，以及可能存在的陷阱。

他一直认为自己是最强壮、最精明、最受欢迎的，因此努力地发展自己的能力和智谋，以证明的确如此。他在工作中投入了极大的热情与才智，这让他很受雇主器重，如果是给自己打工的话，他也会同样事业有成。可是，他表现在工作上的极大兴趣只是一种假象，因为工作对他来说不过是达到目的的手段，他并不热爱自己所做的一切，从中也体会不到真正的快乐。这种情况与他努力将所有感情从生活中排除后所发生的如出一辙。像这样扼杀所有的感情所造成的后果如同双刃剑：一方面，这种为了成功而采取的权宜之计，可以让他像上足了润滑油的机器一样运转，不知疲倦地制造出能给他带来更多权力和声望的产品。感情在这里只会碍事，会让他投身无法产生实际利益的工作；会让他不好意思使出通往成功之路的那些惯常伎俩；甚而会诱惑他放下工作去享受自然、艺术或者朋友的陪伴，而不是仅仅与对他有用的人厮混。另一方面，压制情感所导致的感情匮乏将会影响他的工作质量，而且必定会损害他的创造力。

攻击型人格的患者表面看起来完全不压抑，能坚持己见、发号施令、表达愤怒、保护自己，但实际上他的压抑并不比屈从型的少。他特有的压抑不会立马就让我们感觉到，这并非社会文明的功劳。这些压抑深藏在他的情感世界，关系到他能否与人发展出友谊、爱情、亲情、共情，能否不计功利地享受生活。后者在他看来纯属浪费时间。

他觉得自己强壮、诚实，而且脚踏实地。如果你站在他的角度去看，也会发现的确如此。按照他的出发点，他的自我评价可谓逻辑严密、无可挑剔，因为对他来说，冷酷无情就是力量；无视别人的感受就是诚实；不择手段地实现自己的目标就是脚踏实地。他之所以觉得自己诚实，还有一个原因是他认为自己精明地揭穿了社会上盛行的伪善。像投身公共事业的热情、博爱的情怀这些，都被他视为彻头彻尾的伪装，他不费吹灰之力就能识破社会意识和宗教美德的假面。他的全套价值观建立在丛林法则之上：强权就是真理。让慈悲和宽恕统统走开，人对人是狼！这些价值观与我们熟知的纳粹哲学相差无几。

在攻击型人格拒绝真正的同情和友谊的倾向中，存在着一种主观逻辑，即将其等同于虚伪、屈从和息事宁人。但这并不代表他不能区分两者。当他遇到一个友善而强大的灵魂时，他是能够认清并表现出敬意的。关键在于，他认为在这方面太有洞察力将会损害他的利益。这两种态度都是他个人奋斗道路上的绊脚石。

那么，他为什么会如此强烈地排斥较为温柔的情感呢？为什么他看到别人温情脉脉会觉得恶心？为什么别人在他觉得不恰当的时候表达同情会让他嗤之以鼻？他的行为就像那种把乞丐从自家门前赶走的人，就因为不忍目睹这些乞丐的惨状。的确，他可能会对乞丐破口大骂，会以过分激烈的方式拒绝最简单的请求。类似反应在他身上非常典型，很容易被视为攻击性倾向，但仔细分析的话又好像不是这么回事儿。事实上，别人的"温柔"令他内心很矛盾。他瞧不起他们的温柔，确实如此，但他也会欣然接受，因为这可以让他更随心所欲地去追逐自己的目标。此外，还有什么原因会让他常常感觉被屈从型人格吸引——就像后者常常被他吸引一样？他反应那么激烈，是因为他被内心的某种需要驱使，它要他与所有温柔的情感对抗。在这个问题上，尼采为我们做了很好的说明。他提出了超人理论，把所有的同情都视为第五纵队——一个从内部搞破坏的敌人。"温柔"对这种人不单单意味着真正的温情、怜悯和喜爱，还意味着屈从型人格的需要、感觉和标准所蕴含的一切。就像前文中那个关于乞丐的例子，他不仅会萌生出真正的同情，还会有一种想要满足别人请求的需要，以及应当对人施以援手的感觉。但是，一种更强大的需要赶走了所有这些感觉，其结果是他不但拒绝施舍，还出言不逊。

为熔合内心两种背道而驰的力量，屈从型人格将希望寄托在爱情上，攻击型人格则寻求他人的认可。被人认可不但能使攻击型人格获得其所需要的自我肯定，还有一个额外的诱人之处，就是被别人喜欢的同时也喜欢上别人。因此，被认可似乎为他的冲突提供了解决之道，成了他追求的海市蜃楼。

他内心所有的挣扎其逻辑与屈从型人格的相同，这里只需简要说明。对攻击型人格来说，任何想要表达同情、"善良"或顺从的行为，都与他已经建立的整个生活框架不匹配，会动摇这种结构的基础。更有甚者，这些相反倾向的出现还会使他面临基本冲突的折磨，并摧毁他精心培育的那个统一的机制。其结果就是：压抑温和的倾向将会增强攻击性倾向，使它们更难控制。

此刻，如果我们已然对这两种类型有了足够的了解，就会明白它们正好反映了两个极端：这个渴望的，正是那个厌恶的；这个不得不喜欢每个人，那个把所有人都看成潜在的敌人；这个不惜一切代价避免争斗，那个却发现好斗是自己的天性；这个紧抓恐惧和无助不放，那个努力忽略它们；这个神经质地以人道理想为目标，那个将丛林法则奉为圭臬。然而，所有这些模式都不是他们自由选择的，每一种都具有强迫性，不可改变，受内在需要驱使。非此即彼，他们没有第三条路可走。

在讨论过这两种类型的人格之后，我们现在可以着手下一步的研究了。我们试图发现基本冲突的内涵，并已从这两种类型中看到，基本冲突的两方面伴随着占主导地位的倾向发挥作用。接下来我们必须想象有这样一个人，在他身上，两种对立的倾向及价值观同样在发挥作用。怎么会这样呢，不是说这两种对立的倾向都会无情地驱使他，使他整个人陷入混乱吗？没错，他确实会被所有的力量撕扯，动弹不得。正因为他努力地消灭其中一种，才使他显示出了我们描述过的一种或另一种类型人格的特点；这是他解决内心冲突的一种方式。

像荣格那样将这种情况称为片面的发展，显然是极不充分的，或者说，充其量不过是字面上挑不出错来。但它毕竟是基于对驱动力的误解得出的结论，所以其内涵必然是错的。当荣格从片面发展这一观点出发，进而提出在治疗中必须帮助患者接受自己相反的一面时，我们不禁要问：这怎么可能？患者只能认识到它，却不可能接受它。如果荣格指望这一做法能使患者成为一个完整的人，我们不得不告诉他，这一步对最终的整合当然是必要的，但它仅仅意味着让患者直面那些他曾经逃避的冲突。荣格的问题在于，他没能正确评价神经症倾向的强迫性特质。"亲近人"类型和"对抗人"类型之间的区别，并非强与弱的区别那么简单，也不是像荣格所说的那种女性气质和男性气质之间的区别。我们每个人都具有屈从和攻击的潜质，如果一个人不是被动地奋起抗争，他会自己达到某种程度的和谐统一。但是当这两种模式表现出神经症倾向时，它们都会危及我们的成长。两个令人不快的个体加起来并不能产生一个美好的整体，两个互相冲突的部分也不可能创造出一个和谐的整体。

第五章　逃避人

基本冲突的第三张面孔是对离群索居的需要，为"逃避人"类型所有。在考察这种类型之前，我们必须明白神经症的自我孤立意味着什么。这种类型的人肯定并不只是偶尔想要独处，每个认真对待生活和自己的人都会时不时地想要一个人待着。我们的文明将我们浸在社会生活中，让我们很难理解这一需要，但是古往今来的哲学和宗教都强调它有助于个人价值的实现。渴望一种有意义的孤独绝不是神经症，正相反，大多数神经症患者都惧怕深入自己的内心，而无法有助益地独处正是神经症的标志之一。只有当一个人与他人相处会产生无法忍受的紧张，而独处成了主要的逃避方式时，才是我所说的神经症的自我孤立倾向。

当然，严重的孤僻者其怪癖会极为鲜明，以致精神科专家都倾向于认为这些表现是孤僻型神经症患者所独有的。其中最突出的表现就是一切行为都避开他人，并且这些举动还会因为他的刻意强调而非常引人注目。但实际上，他的这种情况并不比其他类型的神经症患者更严重。拿我们已经讨论过的两种类型来说，想要断言到底哪一种更渴望孤独是不可能的。我们只能说这个特点在屈从型人格中被掩盖了，一旦发现它的存在就会感到震惊和恐惧，因为对亲近他人的渴望让屈从型人格急于相信自己与他人之间没有界限。毕竟疏远他人只是人际关系障碍的一个表征，而所有神经症中都存在这种情况。疏远的程度更取决于障碍的严重程度，而不是神经症的特定形式。

另一个常常被视为孤僻型人格特有的特点是疏远自己，即对于情感表现出麻木不仁，不确定自己是谁，爱什么，恨什么，渴求什么，希望什么，害怕什么，厌恶什么，相信什么。而这样的自我疏远是所有神经症的又一共同点。每一个患上神经症的人都像一架遥控飞机，必定会与自己失联。孤僻者很像传说中的海地丧尸[①]：人死之后被巫术唤醒，可以像活人一样

[①] 海地丧尸的传说源于南美，据信与当地古老的"伏都教"有关，其中巫师通过药物制造如行尸走肉般的奴仆的故事曾是好莱坞热衷的题材，如《生化危机5》。20世纪80年代以来，"海地丧尸"现象引起生物学家和医学家的关注，至今争论不断，说法之一是与河豚毒素有关。——译者

劳作，举止一如常人却不带一点生气。相比之下，其他类型的神经症患者则会拥有相当丰富的情感生活。既然存在这样的差异，我们就不能认为自我疏远是孤僻型人格独有的症状。而所有孤僻型人格真正的共同之处，就在于他们能够以一种客观的视角观察自己，像是在看一件艺术品。也许，对这种状态最贴切的描述就是说他们对自己的态度与对生活的态度一样，都是"旁观者"。因此，他们常常能极好地体察自己的内心活动。一个突出的例子就是，他们经常对出现在自己梦中的符号有着惊人的理解。

最关键的是，他们需要在自己和他人之间设定情感上的距离。更准确地说，他们有意识或无意识地决定不与他人建立任何形式的情感关系，无论是相爱、对抗、合作还是竞争。就像是画了个魔法圈把自己包围起来，不让任何人进入，这就是为什么表面上他们能和别人"相处得不错"。而当外界事物突破他们所设的界限时，这种需要的强迫性便会出现在他们焦虑的反应中。

他们的全部需要和品质都服务于一个主要目的：不介入。其中一个最显著的特征就是对自给自足的需要，而这种需要最明确的表现就是足智多谋。攻击型人格往往也会表现出机智善变，但两者的精神气质不同。对攻击型来说，若要在充满敌意的世界里闯出一条自己的路,或者在争辩中战胜别人,机智是个先决条件。而孤僻型人格的精神状态是一种鲁滨逊①式的:为了活下去他必须足智多谋,这是他弥补自己因离群索居而处于劣势的唯一方式。

与此相比,更不稳定的一种维持自给自足的方式是有意识或无意识地限制自己的需要。如果我们还记得孤僻者的根本原则是绝不与任何人、任何事产生斩不断的关系,就能更好地理解他们在这方面所采取的各种行动。与人亲近会有损于他的孤傲形象,最好是什么都别插手。举个例子:一个孤僻者也许能真正地享受生活,但哪怕这种享受有一点点要依靠别人,他就会选择放弃。晚上偶尔和朋友小聚一下能令他心情愉悦,但他不喜欢集体活动和社交。同样,他也会逃避竞争、特权和成功。他倾向于控制自己的饮食,约束自己的生活习惯,让自己无需花费太多时间和精力去赚钱支付日常开销。他极其讨厌生病,因为病痛让他不得不依赖别人,而这在他看来是件丢脸的事。在学习任何知识的时候,他总是坚持获取第一手资料而不愿听信他人的说法。比如说他要想了解俄罗斯,就会亲自去听去看。这种态度如果没有发展到荒唐的程度——比如到了陌生

---

① 《鲁滨逊漂流记》的主人公。——译者

的城市却拒不问路——将会有助于形成值得赞赏的内心独立。

另一个显著的需要是他对保护自己隐私的要求。他就像一个住旅馆的人,极少拿掉门上那块"请勿打扰"的牌子。就连书籍都会被他视为外来侵略者,任何有关他个人生活的询问都会惊扰他,他喜欢用一块神秘的纱幔把自己裹得严严实实。一位患者曾对我说,小时候母亲告诉他上帝能穿透百叶窗看到他在咬指甲,以致他对上帝的这种全知全能产生了强烈的怨恨,即使到了四十五岁的年纪也没有丝毫减少。这位患者平常极度沉默寡言,即便是最无关紧要的生活细节也不愿透露。如果别人不对孤僻者另眼相看,就会令其恼羞成怒,因为这让他感觉自己正遭到粗暴对待。他更愿意独自工作、睡觉、吃饭。与屈从型的人恰好相反,他不喜欢与人分享任何经验——因为别人会打扰他。即使是与人一起听音乐、散步或者交谈,他也只能在事后回忆时才真正体会到其中的乐趣。

自力更生和保护个人隐私都服务于他最突出的需要——完全独立。他认为他的遗世独立具有积极的意义。的确,独立是有某种价值的。因为不管孤僻者有多少缺点,他都不会是任人摆布的机器人。他一味地拒绝合作,还有他那超然于竞争之外的态度,都赋予他某种诚实正直的形象。但问题在于他将独立本身视为终极目标,同时又忽略了一个事实:独立的价值完全取决于他基于这种独立做了些什么。反观他的所作所为，独立只是他整个避世表现的一部分，为的是实现一堆消极目的——不受影响，不被束缚，不被强迫，无牵无挂。

　　与其他神经症倾向一样，对独立的需要也具有强迫性和随意性，其标志就是对任何类似于强制、影响、义务的东西过度敏感，而敏感的程度极好地反映了孤僻的程度。对约束的看法因人而异，比如领口、领带、腰带、鞋子加诸身体可能算是某种约束；视线被阻挡可能使人感觉自己被包围了；人待在隧道或矿井中也会产生焦虑。这方面的敏感并不能完全解释患者的幽闭恐惧症，但至少可以提供一个背景。如果有可能，这种类型的患者会逃避长期的责任：像签合同、签订超过一年期限的租约、结婚这类事情对他来说都很困难。婚姻对于孤僻者而言，因为涉及亲密关系，自然无论如何都是个危险境地。不过，因为需要被保护或者相信伴侣能完全适应自己的怪癖，他对婚姻风险的恐惧会有所减轻。通常情况下，他会在婚礼之前陷入恐慌。时间的不可更改最易被他视为约束，他习惯于晚五分钟上班，就是为了维持一种自由的假象。时刻表的存在也是种威胁，所以孤僻者很喜欢这样——何时方便就何时去车站，宁愿错过一班列车在那儿苦等下一班，也不看时刻表。别人如果期望他做某事或者以某种方式行动，他就会局促不安，心生逆反，也不管这些期望是已经表达出来的，还是仅仅存在于他的假想之中。比如，他平时会送人礼物，反倒是生日和圣诞节那天却忘了，就因为别人每每会在此时对他有所期待。遵守大家公认的行为规范或传统价值观也会令他不悦，就算表面上这么做了也不过为了避免摩擦，但他的内心其实是坚决拒绝所有传统规则和标准的。最后，别人的建议在他看来也是种控制，即使正合心意他也会予以抵制。此时他所表现出的抗拒也出自一种有意无意的愿望，那就是挫败别人。

对优越感的需要虽然是所有神经症的共性，此处再次强调，却是因为它与孤僻有着内在的联系。就像"象牙塔"和"遗世独立"这两个词存在某种相似性一样，孤僻与优越也几乎总是联系在一起的。也许没有谁能在自己并不真的特别强壮、智慧或自认为出类拔萃时保持孤僻，这一点已在临床上被证实。当孤僻者的优越感暂时丧失，不管是因为实实在在的失败还是内心冲突的加剧，他都不能再保持独立，并且可能会疯狂地寻求关爱和保护。在他的一生里，类似的动荡会经常出现：十几岁或二十出头时，他会有几个不冷不热的朋友，但总的来看，他还是过着孤独的生活，感觉怡然自得。他会展开幻想的翅膀，想象自己成就非凡，但后来这些美梦都被现实击得粉碎。上大学后，残酷的竞争让他退缩，尽管高中时他无可争辩地名列前茅。他的初恋以失败告终，或者随着年龄增长，他发现自己的梦想其实难以实现。这时候，独处就变得难以忍受，他会在内心某种强迫性力量的驱使下寻求亲密关系、性关系乃至婚姻。只要有人爱他，他情愿卑躬屈膝。当这样一位患者来接受分析性治疗时，尽管他的孤僻依然非常明显，医生却爱莫能助，因为他最想要的是医生帮他找到某种形式的爱。只有当他感觉自己相当强大时，他才会如释重负地发现自己更愿意"独自生活并且喜欢这样"。而在外人看来，他不过是恢复了先前的孤僻。但实际上，此时恰恰是他第一次内心强大到能够承认——甚至是向自己承认：孤独才是他想要的。这也正是我们分析他的孤僻的有利时机。

孤僻者对优越感的需求具有某种独特之处。因为憎恨竞争，他不想通过持久的努力真正超越别人。他觉得他内心的宝藏应该不费吹灰之力就为世人知晓，他那潜藏的伟大无需任何行动就该被人感觉到。比如，在他的梦里会出现一处隐匿在遥远山村里的宝藏，鉴赏家们大老远赶去就是为了看上一看。与所有关于优越感的想法一样，这其中包含着现实因素，那不见天日的宝藏暗示了他用魔法圈保护起来的理智与感情。

他表达优越感的另一种方式是认为自己是独一无二的。这是他想要远离他人、与众不同的直接结果。他会将自己比作独立于山巅的一棵树,而山下森林里的树木却因彼此之间的阻碍而不能茁壮成长。面对伙伴,屈从型的人总暗自起疑:"他会喜欢我吗?"而攻击型的人则想知道"这个对手到底有多强大"或者"他对我有用吗"孤僻型的人最关心的是,"他会妨碍我吗?他是想影响我还是根本不会招惹我"。培尔·金特遇到做纽扣的人①那个场景,就完美地表现了孤僻者被迫置身人群之后的恐惧。只要能拥有自己的空间,即便是住在地狱里也没问题,但若是被扔进熔炉重新塑造或者按别人的要求改造,对他来说是件可怕的事。他觉得自己好像一块稀有的东方毯子,有着独一无二的图案和颜色,并且已经永远定型。他为自己一直远离环境的同化而格外骄傲,决心要坚持下去。这种"不变"让他颇为自得,进而把所有神经症患者固有的僵化尊奉为神圣原则。他愿意甚至迫切地想向别人详细阐述这一原则,以使它更纯粹、更明朗,同时坚决不允许任何外来因素介入。就像培尔·金特那句单纯而又荒谬的人生格言所说——"为自己就足够了"。

孤僻型患者的感情生活并不严格遵循其他类型患者的模

---

① 易卜生同名戏剧中的主角,他遇上一个做纽扣的人,后者的职责是将那些一生无所事事的人的灵魂做成锡纽扣。下文中的"索尔维格"是剧中爱恋着培尔·金特的少女。——译者

式。在这方面，个体差异不可谓不大，主要是因为相比之下其他两种类型的患者其占主导地位的目标是积极的：温情、亲密、爱上某人；生存、支配、胜过某人。孤僻型恰好与之相反，目标是消极的：他不想和人来往，不需要任何人，不允许别人打扰或影响自己。因此，他们的情感状态有赖于在这种消极的框架下得以生存并发展的特殊欲望，只有类似的少量孤僻型固有的倾向能够形成。

孤僻型人格普遍倾向于压抑所有感情，甚至否认其存在。在此我想引用诗人安娜·玛利亚·阿弥（Anna Maria Armi）尚未出版的小说里的一段话，因为它简明扼要地表现了这种倾向以及孤僻型人格的其他典型态度。小说中，主人公在追忆自己的少年时代时说："我能想象那种强大的生理联系（就像我和我父亲之间）和精神联系（就像我和我偶像之间），但我看不出这些关系里哪儿有感情，感情根本就不存在——人们在说谎，就像在许多其他事上说谎一样。B女士听到这里吓坏了。'可是你怎么解释自我牺牲行为呢？'她问。这话让我大吃一惊，她说的的确有道理，然后我认定牺牲不过是另一种谎言，如果不是谎言，就是一种生理行为或精神行为。那时候我梦想着独自生活，永不结婚；梦想着变得强大而平静，寡言少语，不用求人。我想独自工作，越来越自由，为了活得简单而放弃梦想。

我认为道德毫无意义，只要你绝对真实，是好是坏并无差别，想求得别人的同情或帮助才是绝大的罪过。心灵对我来说就像是必须守护的圣殿，里面总在举行奇怪的仪式，而这只有圣殿里的祭司和守护者才懂。"

排斥感情主要是指排斥对他人的感情，包括爱与恨。这是与人保持情感距离的必然结果。因为那些有意识地去经历的强烈爱恨，既可以让一个人与别人亲近，也可能让他们之间产生矛盾。H. S. 沙利文[①]提出的"距离机制"一词用在这里很恰当。排斥情感并不一定会导致这样的后果，人际关系之外的情感也会被压抑，而面对书籍、动物、大自然、艺术、食物等却活力四射。一旦出现这种情况，后果将危害极大。对于一个饱含激情的人来说，只压抑自己的某部分情感（还是最关键的部分）而非全部，其实是不可能的。这虽是推测，但下述结果的真实性是毋庸置疑的。正如沙利文所说，孤僻型艺术家在其有创造力的时候，既能深刻体会，又能充分表达，这种人往往经历过这样一个阶段，通常是在青少年时期，感情完全麻木或者激烈排斥所有感情，就像前文所引述的那样。当艺术家尝试与人建立亲密关系却反受巨大伤害之后，他们有意或无心地将自

---

① 沙利文（Harry Stack Sullivan, 1892—1949），美国精神病学家。——译者

己隔绝在生活之外——也就是说，当他有意或无意地决定与他人保持距离，或者选择过一种与世隔绝的生活时，创造力似乎就会活跃起来。事实上，与他人保持安全距离，他们就能释放并表达许多与人际关系并不直接相关的感情，这说明他们早年对所有感情的拒斥是导致后来变得孤僻的必要条件。

人际关系之外的感情压抑还有另外一个原因，我们已经在前文讨论自给自足时提到过。任何可能使孤僻者依赖他人的欲望、兴趣或者享乐，都会被他视为对自己内心的背叛，进而加以制止。在他看来，似乎在允许自己表露情感之前，必须彻底检查每种情况可能对自由的妨碍，任何有损其独立性的东西都会让他缩回自己的精神世界。但是当他发现某种相当安全的情境时，也能欣然投入其中。梭罗的《瓦尔登湖》很好地说明了这种情况下的情感经验。因为害怕过度沉迷某种乐趣，并且间接被它限制个人自由，患者有时几乎成了禁欲主义者。但这是一种特殊的禁欲主义，其目的并非自我否定或自我折磨。我们更倾向于称之为自我约束。如果认可其前提，还会发现它颇有几分智慧。

能在某些领域实现自发的情感体验，对孤僻者的心理平衡非常重要。比如，创造力可能是种拯救手段。如果创造力的表达曾遭到压抑，之后通过精神分析或其他经历得到了释放，它对孤僻者将会有非常可观的裨益，宛如出现了治疗奇迹，但在评估这些治疗时要留神。首先，就这些治疗做任何概括都将是错误的：对某个孤僻者有疗效并不意味着对别人也如此。[①] 即便对他本人也不是严格意义上彻底改变神经症本质的"治疗"措施，只不过是让他的生活多些满意少些不安罢了。

孤僻者越是审查控制自己的感情流露，就越可能强调理智的重要性，然后指望每件事都能凭纯粹的理性力量解决。在他看来，似乎只要知道自己的问题所在就足以解决它们，或者单凭理性本身就能解决世上所有的麻烦！

综观我们对孤僻者人际关系的全部讨论，可以清楚地看到，任何妨碍他孤僻的持久的亲密关系都可能是灾难性的——除非对方同样孤僻，和他一样需要与人保持距离，或者对方因其他原因能够并愿意适应他的需要。无私奉献、耐心等待培尔·金特归来的索尔维格，就是这样一位理想伴侣。索尔维格对培尔·金特一无所求，因为她的期待会吓坏他，就像他被自己的情感失控吓坏一样。他根本不知道自己付出的多么少，还以为已经把自己极为宝贵的东西——未曾表达、未曾经历的感

[①] 参见丹尼尔·施奈德：《神经症模式的运作：对创造性优势与性能力的扭曲》，该论文于 1943 年 5 月 26 日在医学研究院宣读。——原注

情，都献给了伴侣。如果两人能保证足够的情感距离，他也能保持相当程度的持久的忠诚。他也许会卷入某种热烈而短暂的关系，但总是来得快去得也快。这些关系都很脆弱，任何微弱的因素都会加速他的退缩。

性关系对他也许有着超乎寻常的意义，就像一座能让他和别人产生联系的桥。如果这些关系短暂易逝而且不会打扰他的生活，他会很享受。他觉得这些关系应该被严格限制，只能算作风流韵事。而从另一方面讲，他可能已经冷漠至极，不允许这些关系中有任何情感闯入。这样一来，完全想象出来的关系就会替代真实的关系。

上述所有特质我们已经在分析中描述过。当然，孤僻者厌恶心理分析，因为这无疑是对他的私生活的最大侵犯。但是他对观察自己也颇有兴趣，医生的分析开阔了他的视野，使他能看到自己内心那错综复杂的斗争过程，因而令他心向往之。也许梦境的艺术氛围或者他自己漫无目的联想的倾向激起了他的兴趣，在为自己的假设找到证明时，他就像科学家找到真理那样快活。他很感谢分析师关注并指出他这里那里存在的问题，却痛恨被人推着或"身不由己"地去向自己尚未预见到的地方。他常常警惕着分析结果带来的危险，可实际上这种危险对他要比对其他类型患者小得多，因为他一直全副武装地抵抗着它的"影响"。保护自己的理性方式是去检验分析师的建议，但他却不这么做，而是习惯于盲目拒绝所有他认为不适用于他个人和他日常生活的建议，尽管拒绝得既婉转又礼貌。他尤为讨厌的是分析师期望他有所改变，无论以何种方式。当然，他也想解决那些困扰他的问题，但前提是绝不能要求他改变个性。他乐此不疲地观察着自己，同时又在无意识中决定要一切照旧。他对所有影响的抗拒只能视为他的态度的其中一种解释，却并非最透彻的那个，稍后我们还将了解到其他的。他会自然而然地拒心理医生于千里之外，后者在很长时间里只是个遥远的声音。在他的梦里，传递和接收分析结果就像是身处不同大陆上的人在通长途电话。乍一看，这样的梦似乎反映了他对医生和分析过程的距离感——这只不过准确地展示了存在于意识中的一种态度。但是，因为做梦是寻求解决之道而并不是仅仅描述已有的情感，所以这个梦更深层的含义其实是一种愿望，希望远离医生和整个分析过程，绝不让这样的分析对自己有任何触动。

最后一个在分析中或者从外部皆可观察到的特点，就是孤僻者抵御攻击时表现出的旺盛精力。可以说，每一种神经症都有这个特点，但孤僻型的斗志显得格外顽强，几乎是动员了所有可用资源进行殊死搏斗。其实，远在他的自我孤立受到威胁以前，这场战斗就已经在暗地里以极具破坏性的方式打响了。将心理医生隔绝在战场之外只是其中一个阶段。如果医生试图说服患者相信他们之间存在某种关系，并且这番话可能影响了患者的想法，那么他接下来会看到患者是如何处心积虑又毕恭毕敬地拒绝他的。患者至多会对医生本人表达一些合情合理的看法，即使自然萌生出一些感性反应，他也不会任其进一步发展。此外，患者还常常对任何人际关系分析都抱有根深蒂固的抗拒，其人际关系是如此暧昧不明，以致医生很难做出明确的分析判断。不过患者的这种不情愿是可以理解的，他一直与别人保持着安全距离，谈论这个只会让他心烦意乱。如果医生一再抓着这个话题不放，将极易引发患者的质疑：这是想让我变得合群吗？（对患者来说这简直卑鄙至极。）如果医生稍后向他展示了孤僻的危害，他就会变得惊恐易怒，甚而考虑在此时退出。医生之外的旁人若是问他此类问题，他的反应只会更激烈。在自己的孤傲和独立受到威胁时，这些平常看起来安静而又理性的人会因愤怒变得冷若冰霜，或者真的恶语相向。可能会引发他们恐慌的，还有要参加某个需要真正参与而非只交会费的活动或专业团体。如果真的不慎卷入其中，他们就会像没头苍蝇一样到处扑腾，以求早日摆脱。可以说，他们比生命受到威胁的人更擅长寻找逃脱的办法。如果要他们在爱情和自由之间选择,就像一位患者经历过的那样,他们会毫不犹豫地选择自由。这就引出了另一个特点。他们不仅愿意用一切手段确保自己远离他人,而且觉得为此做出多大牺牲都值得。或是有意识地抛开任何可能妨碍他独处的欲望,或是无意识地自动抑制,反正外在好处和内在价值他都放弃了。

任何值得拼命维护的东西必然有强大的主观价值。只要明白了这一点,我们就能有望了解孤僻的功能,并最终对治疗有所助益。我们已经看到,每一种对待他人的基本态度都有其积极的一面。"亲近他人"者试图为自己创造一个友好的世界,"对抗他人"者则会把自己武装起来以求在社会竞争中生存下去,"逃避他人"者希望得到某种完整与安宁。实际上,这三种态度对人的成长不仅是可取的,还是必需的。唯有在神经症结构中出现并发挥作用时,才会变得咄咄逼人、僵化刻板、任意妄为,并且互相排斥。这会在很大程度上损害它们的价值,但并不会将其完全毁掉。

孤僻带来的好处的确相当可观。在所有东方哲学中,孤独离群都被当作追求更高精神境界的基础。我们当然不能将这种抱负与神经症的孤僻相提并论,因为它出于人的自愿选择,而选择它的人视孤独为自我实现的最佳途径。只要愿意,他们还可能选择另一种不同的生活。相反,神经症的孤僻并不是选择的结果，而是受内心强迫性力量的驱使，是患者唯一可能的生活方式。尽管如此，孤独离群对于神经症患者还是有着同样的好处，只是具体要视整个神经症过程的严重程度而定。不管神经症有多大的破坏力，孤僻者都会保持某种正直诚实，这在一个人际关系普遍友好真诚的社会里算不了什么；但在一个充斥着虚伪、欺骗、嫉妒、残酷和贪婪的社会里，一个纯粹弱者的诚实正直很容易受到伤害，而与人保持距离有助于保持他的诚实。再者，神经症通常会夺去一个人内心的平静，而孤僻倒可以提供一条达到平静的途径，但平静的程度因他愿意做出的牺牲大小而异。此外，孤僻还允许他保留几分最初的思想和感情，前提是在他设定的魔法圈里感情生活还不曾完全麻木。最后，上述所有因素加上他与世界那种深思熟虑的关系以及他注意力不算太分散的特点，都有助于创造力的发展和表达——如果他有的话。我的意思不是说神经症的孤僻是创造的先决条件，但在神经症的压力之下，孤僻会为创造力提供最好的表现机会。

尽管孤僻可能有非常多的好处，但这似乎并不是患者不顾一切维护它的原因。实际上，就算孤僻的好处因为某种原因变得微不足道，或者被伴随其左右的干扰遮得黯然失色，他还是会不顾一切地维护它。这一观察结果将我们引向了问题的更深处。如果孤僻者被迫与他人保持亲密接触，他就很容易变得支离破碎，说得通俗一点，就是精神崩溃。在此使用这个词我是经过深思熟虑的，因为它涵盖了较为广泛的精神紊乱现象：功能失调、酗酒、自杀倾向、抑郁、无法工作、精神病发作。不单患者自己，精神病学家有时候也会倾向于把这些精神紊乱与某些在"崩溃"之前发生的烦心事联系起来。比如上司的不公平对待，丈夫拈花惹草还百般抵赖，妻子的神经质行为，同性恋情史，在大学里不受欢迎，一向受庇护的人突然需要自己谋生，诸如此类的事情都会被列举出来抱怨。这些问题的确都会引发精神紊乱。心理医生应当认真对待，尽可能弄清究竟是何种困扰导致病人发作。但这还不够，因为问题在于：为何病人会受到如此大的影响，为何看起来如此普通的挫折和烦恼竟然会破坏他的整体心理平衡。换言之，即使医生已经了解病人对其烦心事做出的反应，他仍然需要了解，为什么这一对因果是如此不匹配。

为了回答这个问题，我们可以先指出一个事实：与孤僻有关的神经症倾向和其他神经症倾向一样，只要在发挥作用，就能给患者带来一种安全感；反之，则会引发患者的焦虑。只要能与他人保持距离，孤僻者就会感觉相当安全；一旦魔法圈因为某种原因被渗透了，他的安全感也就岌岌可危了。这个事实有助于我们进一步了解，孤僻者为何在不能与他人保持情感距离时会变得非常恐慌。在我们看来，他如此恐慌是因为他缺乏应对生活的技巧。从某种程度上说，他只能保持超然，逃避生活。正是孤僻这一消极的特质，给他的内心世界抹上了不同于其他神经症的特殊色彩。说得更具体一点，面对挑战，孤僻者既不会想办法平息，也不会奋起反击；既不与之合作，也不对其发号施令；既不动情，也不冷酷。他就像一个无力防备的动物，对付危险的唯一办法就是：逃走并藏起来。出现在他的想象或梦境里的类似画面和例子是：他像锡兰的俾格米人①，只要躲在森林里就是不可战胜的，一露面则分分钟被人打败；他像座只有一面城墙保护的中世纪城市，如果城墙没了，整个城市便没有任何办法御敌。这类场景充分证实了他对生活的焦虑，由此我们理解了，他对别人的疏远其实是一种全面的自我保护，他必须执着地依靠它，不惜一切代价捍卫它。所有的神经症倾向根本上讲都是保护措施，但其他倾向也会促使他以积极的方式应对生活。当孤僻成为主导倾向时会令患者非常无助，在面对现实生活时这种防御性特点会变得压倒一切。

但是，患者坚决维护他的自我孤立还有更深一层的解释。

---

① 又称侏儒族。——译者

对孤僻的威胁，对"捣毁围墙"的担心，常常不仅仅是暂时的恐慌，它可能会导致一种表现为精神错乱的人格分裂。如果在分析过程中孤僻开始瓦解，患者不但会忧心忡忡，还会直接或间接地表达他的恐惧。比如，他可能会害怕被乌合之众淹没，这主要是一种怕失掉了自己的独特性的恐惧；害怕无助地暴露在有攻击性的人的胁迫和利用之下——这正是他毫无防备能力的结果。他的第三个恐惧，就是怕精神失常，其表现如此明显，以至患者想要医生确保绝无这种可能。这里的精神失常并不是发疯，也不是因为不想承担责任做出的反应，而是直接表达了对精神分裂的恐惧，后者常常出现在他的梦境和联想中。这表明放弃孤僻将使患者不得不面对自己的内心冲突，这种他无力承受的东西会把他撕成碎片，就像被雷电劈过的树木。这是一位患者联想到的意象。这一假设也被其他例子证实了。极度孤僻的人对内心冲突有种几乎难以克服的厌恶，稍后他们会告诉医生，自己根本不知道他在谈及冲突的时候究竟说了些什么。只要医生准确指出他们内心的冲突，他们就会以惊人的无意识的技巧不露痕迹地转换话题。如果他们在自己还没准备好接受之前一不小心意识到了冲突的存在，就会陷入严重的恐慌。之后，当他们在相对安全的情况下认识到自己的冲突，接下来将变得更加孤僻。

这样我们就得出了一个结论，乍一看它令人困惑：孤僻是基本冲突固有的一部分，同时也是对抗冲突的一种保护措施。说得再明确一点，谜底就在谜面中。孤僻是患者在保护自己，抵抗基本冲突中更为积极主动的那两个部分。我们必须重申一下，基本态度中占优势的那个并不能阻止其他与之相悖的倾向存在并且发挥作用。在孤僻型人格中可以比在另外两类人格中更清楚地看到这些力量之间的互动。首先，这种斗争经常贯穿患者的一生，在清醒地承认自己的孤僻之前，这种类型的人往往有过一段屈从依赖的插曲，也可能是一段强势叛逆的岁月。另外两种类型的价值观非常明确，孤僻型却截然相反，价值观最为矛盾对立。且不说他一直高度评价他所谓的自由和独立，他有时会在精神分析中显示出极度欣赏人性的善良、同情、慷慨、自我牺牲，有时又倒向了冷酷自私的丛林法则。他自己会备受这些矛盾的困扰，但是出于文饰心理或其他考虑，他会试图否认这些想法的矛盾性。分析者如果对其整体结构没有清楚地洞察，就很容易被迷惑。他可能一再努力想出各种方法，但在哪个方向都无法深入，因为患者一次又一次地躲进自己的孤僻之中，像关闭船上的水密舱壁一样，合上了所有通向内心的门。

孤僻者特有的"对抗"中潜藏着一个完美又简单的逻辑：

他不想和医生有什么关系，不想把医生当作活生生的人，也压根不是真心想分析自己的人际关系，更不想面对自己的冲突。如果我们了解他的预设，就会明白他甚至根本不关心对上述因素的分析。他的预设是：只要与人保持安全距离，就根本不需要因人际关系而烦恼；只要对人敬而远之，人际关系的烦恼就不会打扰他；即使是医生谈到的冲突，也能够并应该隐藏起来，因为它们只会让他心烦；没有必要去弄清内心冲突，因为他无论如何都不会改变自己的孤僻。正像我们说过的那样，这种无意识地推理在逻辑上很正确——当然只是在一定程度上，然而他忽略而且长期拒绝承认的是，他根本不可能在真空中成长和发展。

因此，神经症孤僻最为重要的功能就是阻止主要冲突发生作用。这是对冲突最彻底、最有效的防御办法。作为众多营造虚假和谐的神经症方式之一，它试图通过逃避来解决问题。但这并非真正的解决之道，因为对于亲密关系以及支配、利用、超越他人的强迫性渴望依然存在，它们不是令他麻痹就是一直困扰着他。最终，只要对立的价值观继续存在，他就不会获得真正的内心平静或自由。

第六章　理想化形象

在讨论过神经症患者对待他人的基本态度之后,我们已经了解他主要采用两种方式来解决冲突,或者更准确地说,是对付冲突。其一,压抑他性格中的某一面而表现与之相反的另一面;其二,在自己和他人之间保持距离,让冲突不起作用。两种方式都能给患者带来一切尽在掌握的感觉,即使要付出极大代价他也在所不惜。[1]

这里要讨论的是更进一步处理冲突的尝试,即创造一个患者心目中的自我形象,或者说是他在当时觉得他能够或应该成为的一种样子。这个形象总是有意无意地在很大程度上脱离现实,但是它对患者生活的影响却非常真切。不仅如此,它还总是美化患者,就像《纽约客》上的那幅漫画,一个体态肥胖的中年妇人从镜中看到的自己是个苗条的小姑娘。这个形象的具体特点因人而异，由患者的人格结构决定：被突出的也许是美丽，也许是权力、智慧、天赋、圣洁、诚实，也许是任何他想要的。这个形象脱离现实的程度恰好对应着患者的自大程度。这里的"自大"取其本义，虽在使用上与"傲慢"同义，意思却是妄自尊大，即为自己原本没有或者只是潜在可能而非实际拥有的品质而骄傲。形象越不真实，患者就越脆弱，越渴望外界的肯定和承认。我们不需要别人来证实我们确实拥有的品质，但是当名不符实的品质遭到质疑时，我们就会极度敏感。

在精神病患者的自大妄想中，我们可以观察到这种理想化形象最露骨的表现。而在神经症患者身上这一特点也大体相同，后者虽不那么虚幻，但同样认为那就是真实的自己。如果我们认为脱离现实的程度标志着精神错乱和神经症之间的区别，也就可以把理想化形象看作神经症与少许精神错乱结合的产物。

理想化形象本质上是一种无意识的现象。即使是未经训练的人，也能对患者的自大一目了然，但患者本人却并未意识到他是在美化自己，也不知道这一理想化形象中凝聚了多少古怪

---

① 赫尔曼·南伯格在其论文《自我的合成功能》中讨论过这种争取完整统一的问题，参见《国际精神分析》杂志，1930年。——原注

的特点。他会隐约感觉到他对自己要求很高,但又将这些完美主义者的要求误以为是真正的理想,他绝不会去质疑它们的真实性,反而会真心为之骄傲。

患者的想象如何影响其对自己的态度是因人而异的,很大程度上取决于他的兴趣焦点。如果神经症患者的兴趣在于确认自己就是那个理想化的形象,他会更加相信自己真的就是那个足智多谋、完美无缺的人,就连他的过失都是不同凡响的。①如果他关注的是真实的自我,与理想化的自我相比极其卑劣,患者的自我贬损行为就会非常突出。这种鄙视导致他的自我认知和理想化形象一样远离真实,我们可以恰如其分地称之为矮化形象。最后,如果他关注的是理想化形象与真实自我之间的矛盾,那么我们就会看到他心无旁骛,不断努力填平那鸿沟,鞭策自己追求完美。在此过程中,他以惊人的频率不断地重复"应该"这个词,不停地告诉我们他应该怎么感觉、思考、行动。他从心底里像天真的"纳喀索斯"②一样认为自己天生完美,主要表现就是他相信,只要对自己再严格一些,再克制、警醒、慎重一些,他其实是能够达到完美的。

---

① 参见安妮·帕里什:《跪拜》,花园城出版公司,第2版,1939年。——原注
② 希腊神话中的美少年,爱上了自己在水中的倒影。后以此指称自恋者。——译注

与真正的理想相反,理想化形象有着一种一成不变的性质。它并不是患者要去争取实现的目标,而是他膜拜的一个固定不变的想法。真正的理想是动态的,能够刺激人去努力接近它,对于人的成长和发展具有不可或缺、无法估计的力量。理想化形象对于成长却显然是个阻碍,因为它让人要么否认自己的缺点,要么只是指责它们。真正的理想让人谦虚,理想化形象则让人自大。

无论怎么界定这一现象,它都早已被人们认识到了,古往今来的哲学著作中都曾提及。弗洛伊德将它引入神经症理论之中,以不同的名称来命名,如:自我理想、自恋、超我。它还构成了阿德勒①心理学的核心理论,即"争取优越感"。如果详细对比这些概念与我的理论的异同必然会大大偏离本书的主旨②,概括地讲,他们的看法都只涉及了理想化形象的某一方面,没能从整体上观察这一现象。尽管弗洛伊德和阿德勒还有其他许多学者——包括弗朗茨·亚历山大、保罗·费德恩③、

---

① 阿德勒(Alfred Alder,1870—1937),奥地利精神病学家。
② 有关弗洛伊德的自恋、超我及罪疚感理论的批评,参见卡伦·霍尼:《精神分析的新方法》,1938年;还可参考埃里希·弗罗姆的《自私与自爱》,《精神病学》杂志,1939年。——原注
③ 保罗·费德恩(Paul Federn,1871—1950),奥地利裔美国精神病学家。——译者

伯纳德·格卢克[①]和欧内斯特·琼斯[②]——都发表过真知灼见，但这一现象的全部意义和功能仍未被充分认识。那么，它的功能究竟是什么呢？很明显，它满足了患者最为关键的需要。不管各位学者在理论上如何解释它，他们一致认为，它是神经症难以撼动或减轻的最深根源。比如，弗洛伊德就将根深蒂固的"自恋"视为治疗中最严重的障碍。

我们先来谈谈理想化形象的最基本功能是什么吧，也许可以这样说：理想化形象取代了真正的自信和骄傲。一个最终患上神经症的人，很少有机会从一开始就建立起自信，因为他经历过的事几乎令他崩溃。即使他有这种自信，在神经症程度加深的过程中也会不断削弱，因为自信所不可或缺的条件总是被毁掉，短时间内又很难再度形成。其中最重要的一些因素就是个人情感的能量充沛且有的放矢，个人真正目标的健康发展，还有在个人生活中保持积极向上的能力。无论神经症如何发展，上述因素都是最易遭到破坏。神经症倾向削弱了患者的决断力，因为它会强迫患者就范而不是让他自己做主。而且，神

[①] 伯纳德·格卢克（Bernard Glueck，1884—1972），波兰裔美国精神分析学家和精神分析治疗师。——译者
[②] 欧内斯特·琼斯（Alfred Ernest Jones，1879—1958），英国精神分析学家、传记作家。——译者

经症患者决定自己生活道路的能力还会由于他对别人的依赖而持续减弱，不管他的依赖采取何种方式——盲目抗拒，盲目追求超群出众，还是盲目地远离别人。更有甚者，通过压抑大部分的情绪活力，患者的情感彻底陷入了瘫痪。所有这些因素让患者几乎不可能发展自己的目标。最后（但并非不重要的），基本冲突造成了患者内心的分裂。因为被剥夺了坚实的基础，神经症患者只得夸大自己的重要性和强大，而这正是理想化形象中永远不变的成分——相信自己无所不能。

第二个功能与第一个有着紧密的联系。神经症患者在真空中不觉得自己虚弱，但在现实世界里，到处都是准备欺骗他、羞辱他、奴役他、击败他的敌人，因此他必须时刻提防，不停地衡量和比较自己与他人的差距，并非由于虚荣或任性，而是苦于不得不如此。因为他从心底里感到无力又被人瞧不起（稍后我们将看到这一点），所以必须找到能让他感觉好点、感觉比别人强的东西。不管他采取何种表现方式，更高贵还是更冷酷，更可爱还是更刻薄，总之他必须在内心里感觉自己高人一等，且不说他身上还有些驱使他超越别人的力量。这种需要主要包含的是患者想胜过别人的因素，因为不管是哪种结构的神经症，患者总是对轻视和羞辱特别敏感。要消除屈辱感，就得取得一种报复性的胜利，这种需要可能只作用或存在于神经症患者自己的头脑中。它可能是有意的，也可能是无意的，但确是神经症的强迫性驱力之一，逼迫患者去渴求优越感，并赋予这种渴望特殊色彩。①现代文明中的竞争精神通过制造人际关系的纠葛，不但在总体上助长了神经症的形成，还特别培养了这种对出人头地的需要。

我们已经看到理想化形象是如何取代真正的自信和骄傲的，此外它还以另一种方式进行了取代。由于神经症患者的理想非常矛盾，不可能拥有任何强制力，而且它们模糊不明，根本不能给患者任何指引；因此若不是他自己努力塑造出偶像，赋予生活一种意义，他就会觉得生活完全没有目标。在对患者进行精神分析的过程中，这一点变得尤为明显。当理想化形象被破坏时，一度他会极其失落。直到这一刻，他才认识到自己在这个问题上的混乱，开始明白这种理想并不适合自己。而在此之前，他没有兴趣和能力去理解整个问题，不管他嘴上说自己有多么看重。现在他第一次意识到理想是具有某种意义的，并且想弄清楚了自己真正的理想是什么。应该说，这种体验证明了理想化形象对真正理想的取代。了解理想化形象的这一功能对治疗很重要。医生可以在治疗早期向患者指出其价值观的

---

① 参见本书第十二章《施虐倾向》。——原注

矛盾，但并不能指望患者对此表现出任何积极的兴趣，也不能就此展开治疗，除非理想化形象已经变得可有可无。

理想化形象有诸多功能，但有一种远比其他的更应对这一形象的刻板僵化负责。如果我们私下里总把自己看成德行和智慧的典范，那么我们最明显的错误和缺陷就都会消失，或者蒙上一层动人的光彩。就像一幅绘画佳作里，残垣断壁一改旧貌，在棕色、灰色和红色的美妙组合下焕发新颜。

若想更深入地了解这种保护性功能，不妨先提一个简单的问题：一个人会把什么当成自己的过失和缺点呢？这个问题初看上去似乎没有确定的答案，因为可以想到无穷多的可能性。然而，我们的答案却相当明确：一个人将什么看作过失和缺点，取决于他接受自己的什么，或者排斥自己的什么。不过，在同样的文化条件下，它还取决于基本冲突的哪一方面占据主导。举例来说，屈从型患者不认为他的恐惧或无助是缺点；但是攻击型患者就会觉得这些情感很丢脸，对人对己都该隐藏起来。屈从型患者把自己的敌意视为罪过；攻击型患者却觉得自己那些温柔的情感是可鄙的弱点。另外，每种类型都不自觉地拒绝承认理想的自我不过是种伪装。比如，屈从型的人其实并非有爱又慷慨，他却不得不否认这一事实；孤僻型的人则不愿承认他的高傲并非自由选择的结果，而是因为他无法和别人相处，等等。两种类型有个共同的规律，即都不承认自己的施虐倾向（下文将有讨论）。至此，我们将得出一个结论：被患者视为缺点并遭到拒斥的东西，就是与对待他人的主导倾向不相协调的东西。我们还可以说，理想化形象的保护性功能就是否认冲突的存在，这就是为什么它必定不可动摇的原因所在。在认识到这一点之前，我常常困惑，为何让患者接受他并不重要、并不优越的事实是那么难。现在答案已经很明了。因为承认有某种缺点会让他面对冲突，继而会破坏他已经建立的虚假和谐，所以他寸步不让。由此我们可以发现，在冲突的强度和理想化形象的僵化程度之间存在明确的关系，即：在一个苦心经营、特别僵化的形象背后，一定存在着极具破坏性的冲突。

上文已经指出了理想化形象的四种功能，而第五种同样与基本冲突有关。这个形象除了要掩饰基本冲突中患者无法接受的部分，还有着更为积极的作用，即体现了一种艺术性的创造，使得其中对立面显得一团和气，或者至少对患者而言不再那么对抗了。可以举几个例子说明其中的缘由，为简明扼要，我只列举冲突的名称，然后说明它们在理想化形象中的表现。

患者 X 占主导地位的倾向是顺从，即极度需要温情和赞许，需要关爱，需要表现出同情、仁慈、体贴、可爱。第二个突出倾向是孤僻，总是厌恶置身于人群，强调独立性，害怕束缚，对强迫很敏感。孤僻倾向时常与对亲密关系的需要相冲突，而且一再妨碍他与女性交往。另外，他的攻击性驱力也在下列现象中表现得相当明显：事事必争第一，间接支配别人，时不时地利用他人，不能忍受被打扰。这些倾向既极大地损害了患者恋爱和交友的能力，还与其孤僻倾向相冲突。因为不了解这些驱力，他为自己塑造了一个包括这三种人格的理想化形象。首先，他是个好情人好朋友，好到让任何女人都心满意足，没人像他这么仁慈善良。其次，他是最优秀的领导者，令人无比敬畏的天才政治家。最后，他还是伟大的哲学家、智者，为数不多的洞察了生命意义的天才之一。

这个形象并不完全是异想天开。患者其实在每个方面都有丰富的潜能，但是这些潜能被他拔高为已经实现的东西，变成了超乎寻常、独一无二的成就。而且，内驱力的强迫性被掩盖了起来，取而代之的是相信自己天生优秀。就这样，本来是对温情和赞许的神经症需要，却被他想象成爱的能力；本来基于高人一等的冲动，却被他当作天生超凡；本来是为了满足自己孤僻离群的需要，却被他误认为独立睿智。最后也最为重要的是，冲突经由以下方式被消除了：那些在现实生活中互相干扰并阻碍患者实现自己各种潜能的驱力，被提升到抽象的完美境界，变成了一个丰富人格中可共存的几个面；它们所代表的基本冲突的三个方面被分别置于理想化形象的三副面孔之中。

另一个例子可以更清楚地说明把冲突因素分离出来的重要性①。患者Y的主导倾向是相当极端的孤僻，具有前文中描述的全部特点。他的顺从倾向也相当明显，但他本人对此视而不见，因为这与他对独立的渴望太不协调。他还想变得极为优秀，这种努力偶尔会强行冲破压抑的外壳。此外，他也能意识到自己对亲密关系的渴望，这种需要持续不断地与他的孤僻交锋。只有在想象的世界里他才能无情地发起攻击：他沉迷于大屠杀的白日梦，希望杀掉所有干扰他生活的人；他公开表明信奉丛林法则，认为强权就是真理，只有无情地追逐一己私利，才是唯一明智真实的生活方式。可是在现实生活中，他却相当胆小怯懦，不到万不得已绝不大发脾气。

他的理想化形象是以下角色的奇怪组合：大多数时候他是住在山顶的隐士，拥有无穷的智慧和平静。偶尔那么几次，他又会变成狼人，完全没有人的情感，醉心于杀戮。这两种互相

---

① 在有关双重人格的经典描绘——罗伯特·路易斯·史蒂文森的小说《化身博士》里，主要观点就建立在一种可能性之上，即：将人身上的冲突因素分隔开来。在认识到自身的善恶分歧是多么激烈之后，杰基尔医生说："一直以来……我有个挥之不去的可爱的白日梦，就是想把这些对立的因素分隔开，我告诉自己，如果善恶能够分开，各得其所，生活中所有难以承受的东西就都没了。"——原注

矛盾的面孔似乎还不够，他还想成为人们的梦中情人和挚友。

在这个例子中，我们看到了同样的对神经症倾向的否认，同样的自大，同样的混淆潜在可能与现实。但这个患者并未尝试去调停那些冲突，矛盾依然存在。然而，相比现实生活中的冲突，这些显得纯粹而强烈，并且因为被孤立而不能相互干扰。这似乎正是问题的关键所在，冲突就这样消失了。

最后来看一个更加统一的理想化形象的例子：在患者Z的日常行为中，攻击性倾向占据绝对主导，并伴有施虐倾向。他盛气凌人，喜欢利用别人，会在贪婪野心的驱使下不达目的不止；他会谋划、会组织、会斗争，并自觉奉行绝对的丛林法则；他也极度的孤僻，但攻击性倾向总会驱使他和人群纠缠在一起，令他无法保持超然。不过，他会严防死守，不让自己卷入任何私人关系，也不去喜欢任何人多的场合。这方面他可谓相当成功，因为他对别人的正面情感都已被强行压抑，对亲密关系的渴望主要通过性关系宣泄。然而，他那想要顺从他人的显著倾向以及对他人赞许的需要，干扰着他对权力的渴望。另外，他还有许多暗藏的清教徒式的标准，主要用于鞭策别人——当然也会不知不觉用在自己身上，这自然不可避免地与他身上的丛林法则相抵触。

在其理想化想象中，他是身披闪亮盔甲的骑士，这位十字军战士眼界开阔，时刻警醒，不懈地追求正义。作为一个英明的领袖，他不和任何人私下往来，而且颁行了严苛但公正的纪律。他诚实可信，绝不虚情假意。女人都爱他，他也会是个好情人，却从不和任何女人产生瓜葛。这个形象最终实现了与另外两个例子完全一样的目标：基本冲突中的因素得到了调和。

可见，理想化形象是解决基本冲突的一种尝试，其重要性不亚于我之前提到的其他尝试。它如同黏合剂，能将分裂的自我结合在一起，因而具有巨大的主观价值。尽管它只存在于患者的头脑中，却对他与别人的关系产生着决定性影响。

理想化形象也被称为虚构或幻想的自我，但是这只说对了一半，而且容易引起误解。在创造理想化形象的过程中那种一厢情愿确实令人吃惊，尤其是当它出现在那些其他方面都比较务实的人身上时就更令人侧目。但这并不意味着它就完全是虚构的。这是一种富于想象的创造，其中交织着非常现实的因素，而且这些因素也起到了决定性作用。通常，这种创造中包含着患者真正的理想的痕迹，尽管那些浮夸的成就都是幻想，但隐藏在它下面的潜能往往是真实的。更重要的是，这种创造来自非常真实的内心需要，实现着非常真实的功能，对创造者本人有着非常真实的影响。这一创造过程取决于某些明确的规律，了解它的特性有助于我们准确地推断出一个人真实的性格结构。

然而，不管理想化形象中编织进了多少幻想，对神经症患者本人来说，它都有着现实的价值。这个形象建立得越牢固，患者就越觉得自己就是那个样子，同时他的真实自我也就相应地逐渐淡出。出现这种本末倒置，正是因为理想化形象所具有的功能，其中每一种都会抹煞真实的个性而突出理想化的自我。回顾许多患者的病史，我们发现有了这个理想化形象相当于救了患者的命，这也说明了为什么这一形象遭受攻击时，患者的奋起反击是完全合情合理的，或者说至少是符合逻辑的。只要他的形象对自己来说依然真实完整，他就能感觉到自己很重要，高人一等，平静和谐，而根本不管这些感觉是不是幻想出来的。由于认为自己比别人强，所以他会觉得自己有权提出各种要求和主张。但是，如果任由别人破坏这一形象，他就等于将自己推入险境——不得不直面所有的弱点，发现自己再也无权提出要求，其实是个无足轻重的角色，甚至在自己的眼里都觉得不值一提。更糟的是，他必须面对自己的冲突，还有心底里对精神崩溃的恐惧。说什么这可能是一个让他变得更好的机会，能让他得到比理想化形象更多的赞美。话倒是真理，但一直以来对他毫无价值，真这么做等于让他纵身跳入他所惧怕的黑暗。

理想化形象具有极大的主观价值，若不是因为其中的一大堆缺点无法摘除，它的地位将坚不可摧。那些虚构因素的存在，使得整个形象的基础岌岌可危，就像一座装满炸药的宝库，随时会伤及患者。任何来自外界的质疑或批评，对比落寞的自己与理想化形象所看到的一切差距，任何对内心驱力的真正洞察，都会让其爆炸甚至崩溃。他必须约束自己，以免暴露在这些危险之下；必须避开那些得不到别人赞美和认可的事情；必须回避那些并不完全有把握的任务。他甚至会对任何努力产生强烈的厌恶。对他这样的天才来说，只要构思一下画面，就等于已经完成了一幅杰作。普通人要想有所成就只能靠努力工作，但让他像张三、李四那样努力就等于承认自己是个凡夫俗子，这简直是一大耻辱。人不努力就一事无成，而他的处事态度使他一心追求的目标变得遥不可及。同时，理想化形象与真实自我之间的鸿沟也就越来越大。

他没完没了地期待别人各种形式的肯定：赞同、尊崇、奉承。但除了暂时的安慰，这些肯定给不了他更多的东西。他可能无意识地仇恨每一个专横的人，或者任何比他更自信、更平和、更见多识广的人，因为这种人威胁着他对自己的评价。他越是执着于"理想化形象就是他自己"，这种恨意就越强烈。或者，如果他压抑了自己的傲慢，可能会盲目崇拜那些公然表明自己的重要性又以傲慢行为炫耀的人。他迷恋在他们身上看到的理想化的自己,但他迟早会明白,他如此崇敬那些神只对他们自己感兴趣,只关心他在他们的神坛前烧了几支香。那时,他又将不可避免地陷入了深深的失望。

也许,理想化形象最糟糕的弊病就是随之而来的对自我的疏远。我们在压抑或摒弃自我的重要部分时,不可能不疏远自我。这就是在神经症发展过程逐渐产生的变化之一,不管这些变化的基本性质如何,它们都在不知不觉间形成。患者完全忘记了自己真正感受、喜爱、拒斥、相信的是什么;简言之,忘记了真正的自己,不知道自己可能在按理想化形象的方式生活。在 J. M. 巴里①的《汤米和格里泽尔》一书中,汤米这个人物比任何临床描述都更好地说明了这一过程。当然,这么做不可能不让他掉进无意识的托辞与合理化织成的罗网,日子过得很不安稳。患者对生活失去了兴趣,因为不是他在过这种生活;他也做不出任何决定,因为不知道自己真正想要什么。如果困难增加了,他可能会用一种虚幻的念头把自己包裹起来,强化这种永不面对真实自我的状态。要想理解这种状态,我们

---

① 巴里(J. M. Barrie, 1860—1937),英国作家,代表作有《小叮当》《彼得·潘》等。——译者

必须认识到，笼罩在他内心世界的虚幻必定会扩展到外部世界来。最近有位患者在概括此种情形时说："要不是因为现实世界的干扰，我会好过很多。"

最后，虽然患者创造理想化形象是为了消除基本冲突，并在办法有限的情况下完成了这一目标，但同时也在患者的人格中造成了新的分裂，甚至比原来的更加危险。大致说来，患者创造自己的理想化形象是因为他无法忍受真实的自己，这个形象表面上消弭了分裂带来的灾难，但是把自己拔高成这样之后，他就更不能忍受真实的自己了，真我让他愤怒，让他鄙视，让他因为无法达到自我的要求而焦躁不安。然后，他就在自我崇拜和自我贬低之间摇摆，在理想化形象和可鄙的自我之间无所适从，找不到一个坚实可靠的中间地带。

如此一来，便产生了新的冲突。冲突一方是互相矛盾的强迫性渴求，另一方是内心不安强加给他的内在专制。他对这种内在专制的反应恰如一个人对政治独裁的反应——去认同，也就是说，他会感觉自己就像内心的独裁者所说的那样了不起；或者会踮起脚尖努力去够上它的标准；又或者会奋起反抗内心的逼迫，拒不接受强加给他的义务。如果他的反应是第一种，我们就会看到一个"自恋的"人，他拒不接受批评，因而也不能清楚地意识到那业已存在的分裂。第二个例子中，我们看到的是一个力求完美的人，即弗洛伊德所说的超我型。第三个例子中的人则表现为拒绝对任何人任何事负责，容易变得古怪、否定一切。上文中我刻意用了"表现为"一词，因为不管他的反应是哪一种，从根本上讲他一直在顽强抵抗。即便是那些认为自己在强制标准下保持"自由"的反抗型患者也一直试图推翻它，而事实上他还是受制于自己的理想化形象，这一点只有在他用这些强制性标准去衡量别人时[①]才表现出来。有时候，患者会经历一个摇摆的阶段，从这个极端转向那个极端。比如，一段时间内，他可能会试图表现得像个超级"好"人，因为从中没得到什么安慰就转向它的反面，坚决反对好人标准，或者可能从毫不掩饰的自我崇拜转向苛求完美。更多时候，我们会发现这些不同的态度综合在一个人身上。这一切都说明一个事实——用我们的理论不难理解——这些尝试没有一个令患者满意，它们注定会失败，只能视作为逃离难以忍受的处境而做的绝望的努力；在这样的处境中，他什么手段都试过了，一种不行就换另一种。

所有这些结果合在一起构成了阻止其真正成长的强大障碍。患者无法从错误中汲取教训，因为他根本看不到错误。尽

---

① 参见本书第十二章《施虐倾向》。——原注

管他嘴上说的完全相反，实际上他必然会对自己的成长失去兴趣。当他说到成长时，萦绕在脑海的却是一个无意识的念头：创造一个更完美的理想化形象，一个没有缺点的自我。

因此，治疗的任务就是让患者了解他的理想化形象的全部细节，帮助他逐渐理解它的全部功能和主观价值，向他展示理想化形象必会带给他的痛苦，这样他就会开始怀疑这么做是否代价太高。但是，唯有当创造理想化形象的需要大大降低时，患者才会放弃这个形象。

第七章　外化

我们已经看到，神经症患者为了缩小真实自我与理想化形象之间的差距是如何煞费苦心自我吹嘘的，结果反而拉大了差距。但是，由于理想化形象具有极其重要的主观价值，他必须不断向它妥协。妥协的方式五花八门，大多数都会在下一章谈到。这里，我们所要探讨的是对神经症的结构有着异常深刻的影响，却并不广为人知的一种方式。

当我称这种方式为外化时，是在定义这样一个过程：患者倾向于将内心体验当成发生在自身之外的，并总是把他遇到的困难归咎于这些外在因素。外化与理想化有着相同的意图，都是想摆脱真实的自我。不同的是，理想化是一个修饰和重建的过程，真实人格依然存在，可以说它是在自我的领地里进行；外化却意味着连自我的领地一块儿抛弃了。简单地说，患者可以在他的理想化形象里逃避基本冲突,但是当真实的自我和理想化形象之间的反差达到令人难以忍受的地步,他就不再对自身抱有任何指望了。唯一能做的就是彻底逃离自我,把一切问题都看成是来自外部的。

这种现象的有些部分属于投射行为,即个人难题的对象化。①一般来说,投射指的是这样一种行为——把自己身上那些讨厌的倾向或品质,看成是别人身上的东西。比如自己有背叛、野心勃勃、支配他人、自以为是、懦弱等倾向,便怀疑别人是这样的。从这个意义上讲,投射一词概括得极好。然而,外化是个比投射更复杂的现象,推卸责任只是其中一个方面。经过外化,一个人不但把过错当作是别人的,就连自己的全部感觉也或多或少当成了别人的。一个倾向于外化的人,可能会对弱小国家被压迫者的境遇深感不安,却感觉不到他自己受到的压迫;也许感觉不到自己的绝望,却能对别人的绝望深有体会。此中尤为重要的是,他根本不知道他对自己的真实态度。例如,当他以为别人在生他的气时,其实是他在生自己的气;或者他意识到的自己对别人的怒气,实际上是指向自己的。不

---

① 这个定义来自爱德华·A. 斯特雷克和肯尼思·E. 阿佩尔,参见《发现自我》,麦克米伦公司出版,1943年。——原注

仅如此,他还把自己的不安或者好心情、成就都归因于外部因素。他把失败看作命运的安排,把成功视为环境的造就,连神清气爽都认为是天气原因,凡此种种,不胜枚举。

当一个人觉得他的生活无论好坏都取决于别人时,他自然觉得他应该全身心投入于改变、改造、惩罚他们,以保护自己不受他们的干扰,或者干脆影响他们。这样一来,外化不仅导致了对他人的依赖——但是这种依赖与神经症出于对温情的需要所产生的依赖极为不同,还会导致对外部环境的过分依赖。无论患者住在城里还是乡下,吃这种食物还是那种,早睡还是晚睡,加入了这个组织还是那个,都被过分看重。因此他形成了荣格称为"外倾"的一种特点。荣格把外倾看作是先天倾向的片面发展,而我认为它是患者试图通过外化来消除未解决之冲突的结果。

外化还有另一个不可避免的后果,即一种折磨人的空虚肤浅之感。自然,这种感觉又被患者认错了源头。他感受到的不是情感上的空虚,而是胃里空落落的,并试图靠强迫自己多吃来驱散这种感觉。或者,他可能会担心自己体重太轻,像羽毛一样,随便一阵风暴都能把他卷走。他甚至会说,如果他什么都被人分析透了,那他就会一无所有,只剩下空壳。总之,患者外化得越彻底,就越像个幽灵,越容易飘浮不定。

有关外化过程的内涵就介绍到这里。现在让我们看看它能对缓解患者自我和理想化形象之间的矛盾起到怎样特殊的作用。不管一个人在意识层面如何看待自己，自我和理想化形象之间的差异还是会造成无意识的创伤。所以，他越将自己等同于那个形象，这种无意识反应就藏得越深。通常情况下，这种反应表现为自我鄙视，对自己愤怒，并有被压迫感。这些反应不但令患者极度痛苦，还会以各种方式使其丧失生活能力。

自我鄙视的外化会采用两种方式：一种是轻视别人，另一种是觉得别人轻视自己。它们经常同时出现，究竟哪种更有优势或者更能被意识到则取决于神经症的整个结构方式。患者越富有攻击性，就越觉得自己是正确而具有优势的，也越容易鄙视别人，越不可能想到别人会瞧不起他。相反，他越顺从，就越会因为比不上理想化形象而自责，觉得别人认为他一无是处。后者的影响尤其具有破坏性，它会让人变得胆小、造作、畏缩不前，还容易对别人感恩戴德——简直是弃自尊于不顾地感激别人对他的喜爱或欣赏。与此同时，他甚至连真正意义上的诚挚友谊都接受不了，隐约觉得那是一种自己不配拥有的施舍。他对傲慢的人毫无防备能力，因为他自身有一部分与他们一致，他觉得自己受鄙视是理所当然的。当然，这些反应会滋生不满，如果不满被压抑并日积月累，将会形成有爆炸性的力量。

尽管有这么多问题,以外化的形式体验自我鄙视还有一种显著的主观价值。神经症患者觉得,自责会摧毁他曾经拥有的全部自信,并将他推向崩溃边缘。被人鄙视实在太痛苦了,但他总希望能改变他们的态度,或者有机会以德报怨,或者在心中责怪他们不公。当他鄙视的就是他自己时,这些想法便不再适用了,也没有任何可以求助的余地。原本处于无意识中的对自己的绝望,变得清晰起来。他不单开始鄙视自己真正的弱点,还觉得自己可鄙到一无是处。这样一来,即使是他的优点也会被拖进他那自轻自贱的深渊。换言之,他觉得自己就是那个被矮化的形象,他会认为这是个不可更改的事实,没人能帮助他。这表明在治疗过程中最好不要去触碰患者的自卑感,除非他的绝望感已经减弱,理想化形象对他的控制也放松了许多。只有等到此时,患者才能直面它,才能认识到他的自轻自贱并非客观事实,而是他那苛刻的标准导致的主观感觉。在对自己采取更宽容的态度之后,他会发现所谓的事实并非不可改变,自己身上那些令他极度反感的特质也并不真的可鄙,而是最终能够克服的困难。

对患者来说,假定自己就是理想化形象的重要性不可估量,如果我们不牢记这一点,就无法理解患者对自己的愤怒,以及这种愤怒的程度。他不但因自己无力达成理想而绝望，还对自己怒不可遏，因为他一直觉得理想化形象是无所不能的。哪怕那些难以克服的困难挫折从他童年时就已经在了，他，一个无所不能的人，都应该有能力解决。就算他理智地认识到了自己的神经症困扰有多严重，仍会因无法消除它们而感到愤怒。当他面对互相冲突的内心驱力，并认识到自己无力实现背道而驰的目标时，这种愤怒便达到了顶点。这也可以解释，为什么突然意识到冲突的存在会令他陷入严重的恐慌。

对自己的愤怒主要以三种方式进行外化。当患者可以肆意发泄不满时，怒火就会轻而易举地喷射到他人身上，表现为对其总体上的不满或者对某个具体过错的愤怒，实际上是他痛恨自己有同样的问题。有个例子可以说明这种状况。一位患者抱怨她的丈夫优柔寡断，可说来说去都是些鸡毛蒜皮的小事，她的反应显然过激了。我知道她本人是优柔寡断的，所以暗示她，她的抱怨其实是在毫不留情地谴责自己身上的这种毛病。于是，她突然感到怒火中烧，恨不得把自己撕成碎片。实际上，在她的理想化形象中，她是个坚强果敢的人，这让她无法忍受自身的任何弱点。极为典型而又戏剧化的是，我们再次见面时她已经忘掉了这种反应。她曾在那个瞬间见到了自己的外化形象，却还没准备放弃它。

第二种方式表现为有意识或无意识地不断害怕或期盼连他自己都不能忍受的缺点会激怒别人。患者非常确信他的某种行为会招来深深的敌意，如果没有招来，他反倒会真的不知所措。例如，一位患者的理想化形象是像维克多·雨果的《悲惨世界》里那位神父一样的大善人，她极其震惊地发现，当她表现得很强硬甚至在表达愤怒时，人们会更加喜欢她，其程度远远超过她表现得像个圣徒时。从这种理想化形象中，我们可以猜出患者的主导倾向是屈从。屈从产生于她对亲近他人的需要，又在她对敌意反应的期盼中被大大强化。实际上，不断增强的屈从倾向就是这种外化形式的主要结果之一，而且它还说明了神经症倾向是如何通过不断的恶性循环而互相增强的。在这个例子中，强迫性屈从倾向因为理想化形象而增强，那种成为圣人的需要迫使患者更加谦卑。然后，由此导致的敌意冲动又会激起她对自己的愤怒。接着，愤怒的外化导致她对别人愈加恐惧，这反过来又加重了她的屈从倾向。

愤怒外化的第三种方式是专注于身体的不适。当患者还没有意识到对自己的愤怒时，它似乎就会引起身体的严重紧张，表现为胃肠疾病、头痛、倦怠，等等。而一旦患者意识到自己的愤怒，这些症状便会闪电般消失。此种现象对我们很有启发。我们可能无法确定是该把这些身体上的表现称为外化呢，还是只把它们当作压抑愤怒导致的生理性后果。但基本可以确定的是，患者是在利用这些症状。一般来说，他们会迫不及待地把精神困扰归咎于身体的不适，进而归咎于外界的刺激。他们一心想证明自己没有任何心理问题，只是饮食不当造成肠胃功能失调，或者因工作过于劳累导致疲乏，或者因空气潮湿而患了风湿，等等。

至于神经症患者将其愤怒外化后所得到的，与那个自我鄙视的患者相同。不过还有一种考虑也值得一提。除非我们认识到自毁冲动的真正危险，否则就不会充分理解这类患者为何不顾一切。第一个例子中提到的患者只在瞬间有撕碎自己的冲动，但是精神病患者可能真会动手去毁灭自己。[1]若不是有外化作用，很可能会出现更多的自杀者。这样一来弗洛伊德的观点就可以理解了，他因为认识到了自毁冲动的力量而指出这是一种自我毁灭本能（死本能）。但是他被这个概念绊住了脚，没能真正理解这种冲动，因此也就不能有效地进行治疗。

内在强迫感的强度取决于理想化形象对患者人格的支配程度，无论怎么估计这种压力都不过分。它比任何外来强制都

---

[1] 在卡尔·门宁格的《反对自己的人》（哈拉普出版社，1938年）当中可以发现许多这类例子。但是门宁格从一个完全不同的角度探讨这个问题，他认同弗洛伊德，假定这是一种自我毁灭的本能。——原注

糟，因为后者还允许保留内在自由。患者多半并不知道这种感觉，但是在他的强迫感消失并且获得一点内心自由后，我们就能从他如释重负的表现判断出它的强大。另外，这种强迫感可能会通过向别人施压而外化，这与神经症患者渴望支配别人有相同的外在效果。尽管两者都可能出现，但它们的强迫却并不相同，前者代表着内在压力的外化，而后者主要是渴望别人服从于他。内在强迫的外化主要表现为，把那些让自己烦恼的标准强加给别人，而不考虑会不会令双方痛苦。清教徒心理正好是一个众所周知的例子。

还有一个同样重要的外化形式，即患者对外部世界的一切甚至极微弱的强制都异常敏感。每个善于观察的人都知道，这种敏感很常见，它并非全部来自我强迫。通常有这样一种因素，就是患者在别人身上看到自己的那种强迫力量，因而很憎恶它。对于孤僻型人格，我们首先想到的是患者强迫性地捍卫自己的独立，这必然让他对任何外界压力都十分敏感。无意识的自我强迫的外化是一种更加隐蔽的病因，医生在分析过程中也极易忽略。尤为遗憾的是，在医患关系中它亦常常形成一股颇具影响力的暗流。即使医生已经指出了造成患者敏感的更明显的病因，患者还是很可能会一直无视医生的各种建议，这样一来，双方带有破坏性的较量会升级，因为医生的确想使患者有所改变。尽管医生对患者坦陈自己只是想帮他重新找回自我，使他的生命焕发活力，但这番话并无多大作用。那么，这位患者真能抵挡某些不经意施加的影响吗？事实上，他因为不知道"真正"的自己是什么样的，也就不可能选择接受什么、拒绝什么，即便医生再怎么注意避免掺杂个人意见，也还是无济于事。而且，他因为不知道自己是在内心强迫下按照它定的模式苦熬，所以只能不分青红皂白地反抗所有想改变他的外来意向。毋庸讳言，这种徒劳的斗争不单出现在分析过程中，还必然会或多或少地发生在他所有的亲密关系中。只有对这一心理活动的过程进行分析，才能最终赶走那个"暗鬼"。

使问题更为复杂的是，患者越对其理想化形象的指令亦步亦趋，就越会外化他的这种屈从。他会迫不及待地去满足医生或别的什么人对他的期望，或是他以为的别人对他的期望。他会显得乐于服从甚至甘心受骗，但与此同时，他又暗自积蓄着对这种"强制"的不满。其结果就是，他最终会认为每个人都在对他指手画脚，并怨恨起了世间的一切。

那么，患者把他的内心束缚外化到底能得到些什么呢？秘密在于，只要他认为这种束缚来自外界，他就能进行反抗，即便仅仅通过保留看法的方式。而且，如果是外界强加的束缚，那他就能设法避免，从而维持一种自由的幻觉。但更重要的是前面提过的因素：承认内在的强迫就意味着承认他的那个理想化形象不是他本人，还要承担由此带来的所有后果。

这种内在的强迫以什么方式及何种程度表现为生理症状，是个很有意思的问题。我个人觉得它会引起哮喘、高血压和便秘，但我这方面的经验很有限。

我们还需要讨论与理想化形象相反的各种特性的外化。大体上讲，这种外化通过简单的投射——即借由在别人身上体验它们或者认为别人应当对它们负责——实现。但这两个过程不一定会同时进行。在下面的例子中，我们难免要重复前面提到过的事情以及其他一些众所周知的东西，它们将帮助我们更深入地理解投射的内涵。

酒瘾患者A，抱怨他的情人不体贴。在我看来这并非实情，或者根本没到A抱怨的那个程度。外人一看便知A正饱受冲突之苦，他一方面顺从、好脾气、慷慨大度，另一方面专横、待人苛刻、傲慢自大。因此，他的抱怨就是其攻击性倾向的一种投射。然而，是什么让投射不可避免地发生了？在他的理想化形象中，攻击性倾向只是强势个性中天然存在的一部分，最突出的品质则是善良——他认为圣方济各(St. Francis)之后，世界上还没有谁能像他这么好呢，也从来没出现过一位像他这样理想的朋友。那么，投射是为了讨好他的理想化形象吗？当然！但是理想化形象也允许他在实践自己的攻击性倾向时不必意识到它们的存在，并且无需面对他内心的冲突。于是，他陷入了无法解决的两难处境，既不能放弃他的攻击性倾向，因为它们具有强迫性；也不能抛弃自己的理想化形象，因为它能让他免于崩溃。投射就是这两难处境的出路，所以它表现出一种无意识的两重性：让他能够提出各种傲慢无礼的要求，同时仍然是个理想的朋友。

该患者还怀疑那个情人对他不忠，但却拿不出任何证据，因为她像母亲一样全心全意待他，而真正背地里时不时偷个情的是他自己。有人可能认为，这是他以己度人产生的一种报复性恐惧，这里面当然包含着他想为自己开脱的需要。还有人认为，这可能是同性恋倾向的投射，但这也无助于阐明这种情况。揭开谜底的线索就隐藏在他对自己的不忠所持的特殊态度中。那些风流韵事并未被遗忘，只是在他的回忆中没有留下痕迹，不再是鲜活的体验。相反，在他心中，那个女子的所谓不忠行为却是相当鲜活生动。于是，就出现了他自身体验的外化，其功能与前面例子的功能相同，即允许他在保持理想化形象的同时为所欲为。

政治领域和各行各业内部的权力斗争也可以作为例子。勾心斗角常常是出于有意识地目的，即削弱对手，巩固自己的地位，但也可能来自无意识的进退维谷，就像前面讲到的那个例子一样。在那个例子中，它会表现为无意识的两重性，既允许一个人在玩弄所有阴谋诡计和操纵手段时不玷污理想化形象，与此同时又提供一个极佳途径，让他把对自己的所有愤怒和鄙视倾泻到另一个人身上。如果后者恰恰是他一开始就想击败的对手那就更好了。

作为总结，我想指出外化有一种共同的模式，通过它，患者把责任推卸给别人，却保留了自己的困境。许多患者一旦意识到自己的某些问题，立刻跳回过去把一切都归咎于童年生活，说自己之所以对强迫那么敏感，是因为有个专横跋扈的母亲。他们很容易觉得丢脸，是因为童年时备受羞辱；他们怀恨在心，是因为早年受过伤害；他们沉默寡言，是因为年轻时无人理解；他们的性压抑是清教徒式的养育方式造成的，等等。在此，我指的并不是医患双方齐心协力认真思考患者幼时所受影响的那些分析，而是指那种过分热衷挖掘童年经历的做法。这种做法没有任何用处，只是无止境的原地踏步，并几乎让患者对正在自己身上运作的力量丧失了探究的兴趣。

弗洛伊德对童年经历的过分强调，支持了患者的这种态度，而我们要仔细辨析其中有多少基于真理，有多少源自谬误。的确，患者的神经症发展始于童年，他能提供的所有线索都关系到对已经出现的特定神经症类型的发展的理解。他也确实不能对他的神经症负责，因为环境的影响已然如此，他没办法不变成现在这样。考虑到各种原因（下面将要讨论），医生应该把这些情况向病人讲清楚。

患者这种态度的谬误在于，他对童年时内心形成的所有力量并不感兴趣，然而这些力量如今依然在他身上发挥作用，只不过是隐身于当前困境的背后。例如，童年时他曾看过许多伪善行径，这可能是导致他如今愤世嫉俗的原因之一。但是，如果他把自己的玩世不恭单纯归结为童年经历，就忽视了自己当下对愤世嫉俗的需要。这种需要源于他在两种背道而驰的理想之间无所适从，不得不把全部身家都押在一个赌注上：解决这个冲突。而且，他倾向于承担自己力有不逮的责任，却拒绝了自己本该承担的责任。他一再提及童年经历是为了让自己相信，他遭受挫折真的是身不由己，同时他又觉得自己应该冲破童年不幸的阴霾，不受其影响，就像出淤泥而不染的白百合那样。对此，他的理想化形象要负一部分责任，因为这形象不允许他承认自己过去和现在都是有缺点或内心冲突的。更重要的是，他喋喋不休地谈及童年是对自我的一种逃避，这样他就仍然可以保持一种渴望自我反省的假象。他将作用于自己内部的力量全部外化了，因而感受不到它们的存在，也就无法把自己看成自己人生的主宰者。既然人生不能由自己掌控，他就觉得自己像个被推下山的球，只能不停地滚；或者像只豚鼠，一朝被条件所限，就只能永远认命了。

患者对童年经历的片面强调，很确切地表明了他的外化倾向。无论何时遇到这种态度，我都会认为患者已经彻底疏远了自己，而且还会被驱赶，离自己越来越远。迄今为止，我的预见从未错过。

梦中也会出现外化倾向。例如，在患者的梦中，医生成了狱卒；或者患者想穿过一道门时，她丈夫"砰"地关上了它；或者在快要到达梦寐以求的目的地时，突然发生事故或者遇到障碍。这些梦都可以看作否认内部冲突的某种企图，而且还把冲突归咎于某种外部因素。

具有总体外化倾向的患者，会给精神分析带来不寻常的困难。他去看心理医生就像去看牙医一样，希望心理医生只是完成一项任务，并不真的与他发生联系。他感兴趣的是他妻子、朋友、兄弟的神经症，而不是他自己的；他大谈自己的困难处境，却不愿意审视自己在其中的作用。他总是说，如果他妻子不是这么神经质，或者他本人的工作不是这么烦人，他定会一切正常。有相当长一段时间他完全意识不到某些情感力量正在他内心起作用。他担心夜里遇到盗贼，害怕电闪雷鸣，忧惧周围有报复心的人，甚至为政治形势感到不安，却从不担心自己。而他最感兴趣的不过是他的问题能带给自己多少思维上或艺术上的乐趣。但是我们可以这样说，只要从精神上讲他不在场，他就不可能将获得的任何领悟应用于自己的实际生活，因此，尽管他比别人更了解他自己，却还是不能改变什么。

这样一来，外化从本质上讲就是一个主动消灭自我的过程。它之所以能够实现，靠的就是患者对自我的疏远，而这是神经症过程中所固有的。当自我被消灭，内部冲突自然也就随之被逐出了意识层面。但是，通过让患者变得更爱指责他人、报复他人，也更害怕他人，外化以外部冲突取代了内在冲突。更具体地说，它极大地加剧了最初导致整个神经症过程的冲突，即个人与外部世界之间的冲突。

第八章　制造假和谐的辅助手段

撒完一个谎通常要再撒一个来圆，第二个谎又需要第三个来圆，就这样一个接着一个，最终谎言会像蛛网一样把人包围。这种事已经是老生常谈了。一个人或一群人如果对面临的问题缺乏追根究底的决心，他的或他们的生活就必然会随时出现这种局面。表面的修修补补也许有点用，却会生出新的问题，反过来又需要新的修补。神经症患者解决基本冲突的企图就是这样，所有的办法都不能真正有效，除非根本问题赖以生存的条件被彻底改变。而患者所做的却是（他不得不这么做）：用一个假解决方案支撑另一个假解决方案，一个个垒起来。他会像我们已经看到的那样，让内心冲突的某一面突显出来，但实际上整个人还是像从前一样处于分裂状态。他还会用夸张的方式让自己彻底疏远别人。尽管冲突暂时偃旗息鼓，但他整个生活的基础却陷入了岌岌可危。他创造了一个看上去既成功又人格统一的理想化自我，同时也制造了新的分裂。他试图让心底的那个自我退出战斗以此消除这种分裂，却发现自己陷入了更无法忍受的困境。

如此不稳定的内心平衡仍需进一步采取措施来支撑。于是，他求助于一切无意识的手段，包括视而不见、截然分隔、合理化、过度的自我控制、自以为是、捉摸不定、犬儒主义。限于篇幅，我们不打算在此讨论这些现象的本质，但会展示患者是如何运用这些手段来对付冲突的。

神经症患者的实际行动与其理想化形象之间的差别是如此显眼，以至人们会奇怪，患者本人怎么会看不到这一点。可他非但看不到，甚至连近在眼前的矛盾也照样视而不见。在所有引发我关注冲突的存在及其相关问题的现象中，这种无视最明显矛盾的盲点现象首当其冲。例如，一位具备屈从型人格所有特征的患者，自认为是耶稣一样的圣人，某次却用很随便的口气告诉我，他在办公会议上经常轻点拇指挨个向同事射击。诚然，这种激起象征性杀戮行为的恶念在当时完全是无意识的，但问题的关键在于，被他称为"闹着玩儿"的射击行为，一点也没有让他的耶稣形象感觉不安。

另一位患者是科学家，自认为工作认真投入，而且在他所在领域算是标新立异。但在发表自己的研究成果时,他总是出于纯粹的投机目的,只提交那些能为他带来最多赞誉的论文。他这么做并不是想要伪装什么,只不过是乐过了头没察觉到自己的矛盾。同样,某个把自己想成善良和坦率的化身的男人,一点也不会觉得从一个女孩那里拿钱花在另一个女孩身上有什么不妥。

很显然,在这些例子当中,盲点的作用就是阻止潜在的冲突被意识到。令人惊讶的是它居然做到了,尤其当患者不但聪明而且具备心理学知识时,这种盲目更令人瞠目。要说我们都可能会对自己不想看的东西背过身去,眼不见为净,实在不是个充分的解释,还应该再加上一条:我们对事物视而不见的程度,取决于我们有多大兴趣去这么做。总而言之,这种人为造成的盲点以极为简单的方式表明,我们有多厌恶承认自己的冲突。但真正的难题在于,我们如何才能忽视掉那些显而易见的矛盾。事实上,制造盲点需要特殊的条件,否则就不可能办到。条件之一就是我们对自己的情感经历要非同一般地麻木,而另一个爱德华·斯特雷克①已经指出过②,即活在隔间里。斯

---

① 爱德华·斯特雷克(Edward A. Strecker,1886—1959),美国精神病学家,美国精神病学会第71任会长。
② 参见斯特雷克的《发现自己》。——原注

特雷克不仅给出过有关盲点的例子，也谈到过逻辑严密的分隔现象。患者在心中设立了许多隔间：一个安置朋友，另一个安置敌人；一个放家人，另一个放外人；一个放职业，另一个放个人生活；一个放同阶层的人，另一个放下层的人。这样，在神经症患者看来，两个隔间发生的事泾渭分明，互不矛盾。人只在一种情况下有可能这样生活，那就是他因为内心的冲突而失去了自己的整体感。因此，把事物分隔成彼此无关的小单元与拒不承认内心冲突一样，都是内心分裂的结果。这个过程呈现出与理想化形象的例子十分相似的情形：矛盾还在，但冲突不见了。很难说是这种理想化形象导致了分隔，还是分隔造就了理想化形象，但处于分隔状态无视整体的存在这一事实似乎是更基础的条件，它能解释患者为何会创造出某种形象。

为理解这种现象，必须将文化因素纳入考虑。今天，每个人都只是复杂的社会机器中的一个小齿轮，疏离自我者可谓比比皆是，人的自我价值一落千丈。而我们的文明中那些数不清的尚待解决的矛盾，已然导致了一种普遍的道德麻木。道德标准不被当回事，就算看到某人今天是虔诚的基督徒或无私的父亲，明天变成江洋大盗，也没人会惊讶。[1]在我们周围，那种

---

[1] 参见林语堂的《啼笑皆非》，出版人：约翰·戴依，1943年。——原注

全心全意又和谐完整，能够让我们照见自己的支离破碎的人少之又少。在精神分析领域，弗洛伊德对道德观的忽视——这是他把心理学视为自然科学的结果——已经使医生像患者一样看不见这类矛盾。医生认为，在分析中保留自己的道德观或者对患者的道德观表现出哪怕一点兴趣，都是"不科学的"。实际上，对矛盾的承认出现在许多理论建构中，并不局限在道德领域。

合理化也许可以定义为经过推理而进行的自我欺骗。一般认为，合理化主要用于自我辩护或者让自己的动机和行为符合主流意识形态，但这种看法只在一定程度上有效。比如说，暗示生活在同一文明中的人会沿袭相同的合理化方式，而实际上合理化的内容及方法都存在着广泛的个体差异。如果我们把合理化看作支持神经症去尝试制造虚假和谐的一种方式，它就再自然不过了。在患者围绕基本冲突建起的防御工事中，方方面面都能看到这个过程在进行。神经症的主导倾向经推理过程而增强主要是通过两种方式：把那些会暴露冲突的因素最小化，或者改造它们使之符合主导倾向的需要。这种自我欺骗的推理过程是如何协助患者美化其人格的呢？让我们将屈从型和攻击型做一个对比：前者将自己帮助他人的渴望归因于他的同情心，虽然他那强烈的支配倾向也同时存在；如果两种需求都很显著，他就会将两者都合理化地解释为对他人的关切。至于后者，当他乐于助人时，会坚决否认自己有任何同情心，并将自己的行为说成是顺手而为。理想化形象总是需要大量的合理化解释来支撑：真实自我和理想化形象之间的差异必须推断为不存在。在外化过程中，合理化被用来证明患者行为与外部环境的相关性，或表明患者本人不能接受的那些特征不过是他对别人行为的"自然"反应。

过度自我控制的倾向也会极其强烈，以至于我一度把它当作一种基本的神经症倾向，①其功能就是像座大坝一样阻挡矛盾情感的洪流。虽然一开始它常常是种有意识的意志力行为，但后来通常或多或少都会变得无意识。这样的人不允许自己失控，不管是因为热情、性兴奋、自怨自艾，还是因为愤怒。在分析他们时，他们最大的困难在于很难进行自由联想。他们不能容忍用酒精来提高兴致，往往宁愿忍受疼痛而不是受到麻醉。简言之，他们力图压制所有的自发行为。这种特点在那些冲突相当外露的人身上发展得最为明显。通常有助于掩盖冲突的步骤他们一个也没有采用：一是让一种明显的主导倾向压倒其余与此相矛盾的倾向，二是充分保持自我孤立，令冲突无法

---

① 参见卡伦·霍尼的《自我分析》，同前。——原注

发挥作用。这类患者能保持统一，全凭他们的理想化形象；而且很显然，如果不是某种基本努力去帮助他建立内在的统一，只靠理想化形象的整合力是绝对不够的。当这个形象是各种矛盾成分的大杂烩时，它会显得特别无能为力，因此就需要有意识或无意识地运用意志力来控制这些互相矛盾的冲动。由于那些因愤怒而起的暴力冲动最具破坏性，患者就用尽了全力来控制愤怒。这样就出现了一个恶性循环：因为受到压制，愤怒积蓄了爆炸性力量，反过来又需要更多的自我控制来抑制它。如果医生要患者注意他的过度自我控制，他就会辩解说，自我控制对任何文明人都有好处，而且必不可少。但他没能意识到他的控制具有强迫性。他不得不以最僵化的方式来实施控制，无论控制因何失效，他都会陷入极大的恐慌。这种恐慌也许会表现为害怕精神失常，这一点清楚地表明，控制的作用就是使自己免于分裂的危险。

武断的自以为是具有双重作用：一是消除内心疑虑，二是消除外来影响。疑心重重和犹豫不决都是由未解决的冲突衍生而来，它们可以严重到足以使所有行动陷入瘫痪。在这种状态下，人自然很容易受外界的影响，如果我们自己真的坚信不疑，就不会轻易受摆布。但如果我们生活中随时会处在十字路口，不知道该何去何从，那么外部力量会很容易成为决定性因素，哪怕只是暂时的。而且，犹豫不决不仅会导致难以付诸行动，还会让患者自我怀疑，怀疑自己的权利和价值。

所有这些迟疑不决损害了我们应对生活的能力。不过，显然并不是每个人都同样感到难以忍受。一个人越是把生活看作一场无情的战斗，就越容易将怀疑视为危险的弱点。而他越孤僻，越坚持独立，就越容易因为外界因素的影响而愤怒。我的全部观察都指向一个事实：占主导的攻击性倾向与孤僻倾向的结合，是培养自以为是的最肥沃的土壤；并且，攻击性越外露，自以为是的时候就越武断。这使得患者做出了某种尝试，即断然宣称自己一贯正确，从而一劳永逸地解决冲突。在一个由合理性统治的系统里，情感是来自内部的叛徒，必须始终将其置于严格的控制之下。患者也许能够获得平静，但这种平静犹如一潭死水。可以预见，这样的人想到精神分析就生厌，因为它会破坏他伪装出来的和谐有序。

另一种方式虽与极度自以为是截然相反，但也是一种拒绝承认冲突的有效手段，那就是飘忽不定。倾向于这种防御方式的患者常常如同童话中的角色，一遇追兵他们就变成鱼；如果这种伪装还不能脱险，他们就再变成鹿；如果猎人追上来了，他们就变成鸟飞走。反正你永远别想抓住他们让他们表态，他们要么否认说过什么，要么向你保证他根本不是那个意思。总之，他们在掩盖问题方面能力惊人。对他们来说，对任何事情发表具体的陈述往往是不可能的，他们会尽力而为的就是让人听到最后也没搞清楚到底发生了什么。

同样的混乱也主宰着他们的生活。他们这一刻恶毒，下一刻又富于同情；一会儿过分体贴周到，一会儿又冷酷无情；这些方面盛气凌人，那些方面又谦逊礼让。他们急切地寻求专横的同伴，就为了变成个"受气包"，然后再变回盛气凌人。在伤害别人之后，他们会懊悔不已，试图弥补过失，然后又像个"吃奶的孩子"故态复萌，以恶待人。对他们来说，没有什么事是实实在在的。

对这样的患者，医生可能会非常困惑和沮丧，感觉无从下手。他若这样想就错了。其实问题很简单，这些患者只不过是没能成功实施惯用的整合手段而已，以至于既没能压抑冲突的那部分，也没能建立明确的理想化形象。在某种意义上我们可以说，他们从反面证明了那些解决冲突的尝试的价值。因为无论这么做的结果有多麻烦，其他类型的患者都比飘忽不定型的人在人格上更有条理，也不像后者那么迷茫。另一方面，如果医生因为后者的冲突是可见的，无需费力挖掘，就指望治疗能轻而易举，那他就又错了。相反，他会发现患者讨厌别人洞察自己的问题，这可能会令他产生挫败感，除非他明白：这就是患者逃避真正内省的方式。

最后一种拒绝承认冲突的方式是犬儒主义，否认并嘲弄所有道德价值。在道德观上根深蒂固的不确定感必会出现在每一种神经症当中，不管患者是如何固执地恪守他能够接受的那些道德标准。尽管犬儒主义有多种起源，功能却是一样的，就是否认道德价值的存在，从而使神经症患者不需要弄清楚自己到底相信什么。

犬儒主义可能是有意识的，因而成为马基雅维利式的人奉行和捍卫的准则。世间一切都是表面文章，你尽可为所欲为，只要不被抓住就行。每个人只要不是彻头彻尾的笨蛋，就是伪君子。这种患者对医生提及"道德"这个字眼非常敏感，而不管后者是在什么情况下说的，就像弗洛伊德时代的人谈"性"色变一样。但是，犬儒主义也可能处于无意识状态，患者表面上顺从流行的意识形态。虽然他并不知道犬儒主义已经控制了他，但他的生活以及他谈论自己生活的方式都揭示了他正是按这个原则做的。或者，他会不知不觉陷入矛盾之中，就像某位患者，他确信自己看重的是诚实正派，却又羡慕那些热衷阴谋诡计的人，为自己从未"得手"而愤愤不平。治疗中，医生的一项重要工作就是在恰当的时机让患者充分意识到自己的犬儒主义，并帮助他理解这种心态。还有一点也很必要，就是向患者解释为什么建立他自己的道德观是有好处的。

　　以上所述都是围绕基本冲突这一核心建立的防御系统。为简洁起见，我将整个体系称为防护性结构。每种神经症都发展出了一套综合防御系统，往往包含了上述所有形式，只是其作用的程度各有不同。

第二部分
未解决的冲突之后果

第九章　恐惧

在探索每个神经症难题的深层意义时，我们很容易在这错综复杂的迷宫中失去方向。这并不奇怪，因为如果不直面神经症的复杂，我们就不可能真正了解它。不过，时不时地退到一边冷眼旁观，将有助于我们重回统观问题的视角。

我们一路跟随防护性结构发展的脚步走来，看到防护措施一个接一个地建立起来，最终形成一个相对稳定的防护系统。其中给我们印象最深的因素，就是患者在此过程中投入的无尽努力，大到让我们再次好奇，究竟是什么驱使一个人走上如此险峻又充满代价的道路。我们自问，是什么力量使这种防护结构变得如此僵化，如此难以改变。整个过程的原动力仅仅是对基本冲突破坏力的那种恐惧吗？做个类比也许能为我们开辟思路找到答案。与所有的类比一样，它们之间并不是精确的类似，所以只能从最宽泛的角度去理解。让我们假设，一个有着阴暗过去的人已经通过伪装找到了融入集体的方式。当然，他会活在恐惧当中，担心自己过去的事被人发现。随着时间推移，他的处境有所改善；他交了朋友，有了工作，成了家。因为珍惜新生活，他又有了新的恐惧，担心失去这种幸福。对目前的体面身份的骄傲使他疏远了自己声名狼籍的过去。为抹去过去，他捐大把的钱做慈善，甚至送钱给旧相识。与此同时，他人格中已经发生的变化还在继续，又把他卷入了新的冲突。结果，他已经靠伪装开始生活的事实倒变成了暗流，被他目前的困扰所遮蔽。

可见，在神经症患者已经建成的防护系统中，基本冲突仍在，只是发生了变形，某些方面减弱了，另一些方面则有所增强。但是，由于这个过程中固有的恶性循环，随后的冲突变得更加激烈。最能让冲突激化的是这样一个事实：每一种新的防护措施都会进一步损害他与自己、与别人的关系——正如我们已经看到的，冲突就在这样的土壤里产生了。而且，无论新措施包裹着多少幻想——得到了爱或成功，能远离人群或有了明确的理想形象，这些都成为患者生活中越来越重要的部分。患者由此产生了一种新的恐惧，害怕有什么东西会危害到这些宝贝。与此同时，他那与日俱增的自我疏离变本加厉地剥夺他内省的能力，使他失去了摆脱困境的可能。于是，遵循惯性代替了有目标的成长。

防护性结构因为僵化而极度脆弱，而且本身就会引起新的恐惧，其中之一就是害怕它的平衡会被打破。这种结构带来的平衡感很容易被颠覆，患者本人并未在意识层面认识到这种威胁，但会不自觉地以各种方式感觉到它的存在。经验告诉他，他会因为某些并非显见的原因一反常态，在自己始料不及或者最不希望的时候大发雷霆、兴高采烈、抑郁消沉、倦怠无力、羞怯拘谨。这些经验给他一种不确定感，使他觉得无法信任自己。他战战兢兢，如履薄冰。他的失衡感也可能表现在步态、姿势或者任何需要身体平衡的动作上。

这种恐惧最具体的表现就是怕自己会精神错乱。当程度非常严重时，一个很突出的表征就是患者会去寻求心理医生的帮助。在这种情况下，恐惧还来自一种被压抑的冲动：想做所有"疯狂"的、具有破坏性的事，又对此毫不内疚。不过，害怕精神错乱并不意味着这个人真的会发疯。这种恐惧通常都是短暂的，只在非常痛苦时出现。它对患者最大的挑战就是突然对理想化形象构成威胁，或者逐渐升级的紧张（主要来自无意识的愤怒情绪）危及他的过度自我控制。例如，一个相信自己性情温和又勇敢无畏的女人，在遇到麻烦时突然陷入恐慌，一种无助、忧惧、暴怒的感觉瞬间击中了她。曾经像铁箍一样把她捆成一体的理想化形象突然爆开,留给她的是对于精神崩溃的无尽恐惧。我们曾提到过,当一个孤僻的人被迫离开庇护所,投入与他人的亲近关系(例如他不得不参军或与亲戚同住)时,这种恐慌就会牢牢抓住他。这种惊恐也可能表现为对于精神错乱的担忧,而且可能真的会精神病发作。在分析治疗中,当患者在竭尽全力创造出虚假和谐之后突然认清自己是分裂的,就会产生类似的恐惧。

分析证实,对精神崩溃的恐惧绝大多数时候由无意识的愤怒引发。当这种恐惧消退后,残余的部分会变成忧虑继续存在,患者担心自己会在无法自控的情况下侮辱、殴打甚至杀死别人;还害怕自己会在睡梦中或者因醉酒、药物麻醉、性兴奋而施暴。愤怒本身也许是有意识的,或者在意识中呈现为无端的强迫性暴力冲动。另一方面,它也可能是完全无意识的,患者所能感觉到的只是突然袭来一阵模模糊糊的恐慌,或许还伴有出汗、头晕或者对晕倒的恐惧。这些症状表明患者有种潜在的恐惧,担心无法控制自己的暴力冲动。如果这种无意识的愤怒外化了,患者就会害怕雷电、鬼魂、夜贼、蛇等外在的具有潜在破坏力的东西。

不过归根结底,担心会精神失常的人比较少,只是害怕失去平衡招人注意。一般来说，这种恐惧发挥作用的方式更隐蔽。它以模糊、不确定的形式出现，可能被日常生活的任何改变激发出来。当人们即将启程去旅行、搬家、换工作、换新女仆或者面对其他任何状况时，受制于这种恐惧的人就会深感不安，想尽一切办法避免类似的变化发生。这些变化会危及患者的稳定状态，可能是阻止患者接受精神分析的原因之一，特别是在他们找到能让自己良好运转的生活方式之后。当他们与医生讨论精神分析的可取之处时，他们关心的问题乍一看似乎非常入情入理，比如：分析会彻底毁掉他们的婚姻吗？它只是暂时令他们丧失工作能力吗？它会不会让他们很暴躁易怒？会不会干扰他们的信仰？我们将会看到，患者提出这些问题的原因之一在于对分析的绝望，认为根本不值得为之冒任何风险。不过在他关心的问题背后还有某种真正的担忧，他需要医生保证精神分析不会破坏他的平衡。遇到这种情况，我们完全可以认为他的平衡已经动摇，对他进行分析将会十分困难。

医生能否向患者保证不打破他的平衡呢？当然不能。每一次分析都必然会带给他暂时的不安。但医生能做的就是抓住这些问题的根源，向患者解释他真正害怕的是什么，告诉他虽然分析会破坏他眼下的平衡，却能给他一个机会在更加稳固的基础上建立新的平衡。

另一种产生于防护性结构的恐惧是害怕暴露,其根源在于这种防护性结构在发展和维持自身的过程中加入了大量的伪装。我们要把这些问题与未解决的冲突对德行造成的损害结合起来讨论。为此,我们只需指出一点,即不论对自己还是别人,神经症患者都想表现得比真实的自我更和谐、更理性、更慷慨或者更强势、更冷酷。很难说他更害怕把真实的自我暴露给自己还是别人。在意识层面,他更关心的是别人,他越外化自己的恐惧,就越担心别人会发现他的真面目。在这种情况下他会说,他怎么看自己并不重要,只要别人还蒙在鼓里,就算他发现了自己的失败也可以继续隐瞒。事实并不如他所愿,但他在意识层面就是这么想的,这也表明了外化作用的程度。

害怕暴露可能表现为一种朦胧的感觉,觉得自己在弄虚作假;或者表现为对自己实际上并不在意的品质一下子重视了起来。患者可能会害怕自己不像想象中那么聪明、能干、有教养、有魅力,所以把这种恐惧转移到了那些并不能反映出他性格的品质上。有位患者回忆起自己少年时一直被一种恐惧纠缠,害怕自己在班里拿第一完全是靠弄虚作假。每次转入新学校他都认为这一次要被人揭穿了,即使又拿了第一,这种恐惧依然挥之不去。这种感觉让他迷惑,但他不能去一探究竟。他无法洞悉自己的问题,因为他的思路是错的:他对被揭露的恐惧根本与他的智力无关，只不过被转向关注这方面。事实上这恐惧与他的无意识伪装有关，他假装自己是一个对分数无所谓的好孩子，其实一直迫切地想要战胜别人。这个例子贴切地概括了患者的问题。害怕自己在弄虚作假，这种恐惧总是与某些客观因素有关系，但通常不是患者以为的那个。从症状上讲，最突出的表现是脸红或者害怕脸红。由于患者害怕自己无意识的伪装被揭穿，所以，如果医生注意到患者对暴露的恐惧而去寻找他认为患者会为之羞耻并正在隐藏的某些经历，他就会犯下严重的错误。实际上，患者很可能并没有隐瞒什么。于是，他变得越来越害怕，怕自己身上有什么特别恶劣的东西是自己无意识中怕暴露的。这种情形会导致患者自我谴责和反省，却无益于建设性工作。他也许会深究风流韵事或破坏性冲动的细节，但只要医生没能认识到患者陷入了冲突，而只是分析冲突的某个方面，患者对暴露的恐惧就会继续存在。

任何对神经症患者来说意味着考验的情境，都可能引发对暴露的恐惧。这些情境包括：开始新的工作，交新朋友，进入新学校，考试，联谊会，或者任何可能使他显眼的场合，甚至可能仅仅是参加一个讨论。通常情况下，患者有意识地认为自己害怕的是失败而非暴露，所以他的恐惧不会因为成功而减弱。患者只会觉得这一次他是侥幸"通过"的，可下一次呢？

如果失败了，他也只会更加确信自己一直是个吹牛大王，这次被人抓了个正着。这种感觉的后果之一是害羞，尤其是到了新环境。另一个后果是被人喜欢或欣赏时保持警惕，患者会有意无意地想："他们现在喜欢我，可是等他们真正了解我之后就会讨厌我了。"当然，这种恐惧是分析的一部分，因为分析的目的很明确，就是"发现"。

每一种新的恐惧都需要一套新的防御措施。那些用来对抗恐惧的措施互相矛盾，如何选择取决于患者的整个人格结构。一方面，患者倾向于逃避任何类似考验的场合，如果逃不掉就谨言慎行、自我控制，戴上一副没人能看透的面具。另一方面，他又无意识地企图成为一个无需害怕暴露的完美的吹牛者。这种态度不单单是为了防御：在攻击型患者那里，夸夸其谈、自吹自擂是让那些他想利用的人印象深刻的一种手段，任何试图质疑他们之举都会遭到狡猾的反击。我在这里指的是公然表现出施虐倾向的人，稍后我们会了解到这种特性是如何与整个结构相适应的。

要理解对暴露的恐惧，必须回答以下两个问题：患者害怕暴露的是什么？万一被揭露了，他怕的又是什么？第一个问题我们已经回答过。为了回答第二个，我们必须谈到另一种源自防护性结构的恐惧，即对漠视、羞辱和嘲笑的恐惧。虽然这个结构的不牢靠导致了患者对平衡被打破的恐惧，无意识的欺骗滋生出对暴露的恐惧，但对羞辱的恐惧却来自受伤的自尊。在其他关系中我们曾经谈过这一点。创造理想化形象和外化过程都是修复受损自尊的尝试，但是一如我们所见，这两者只会进一步伤害自尊。

如果我们鸟瞰一下神经症发展过程中自尊所发生的变化，就会发现其中有两个跷跷板似的过程。当真实的自尊下降时，不真实的骄傲就上升——为自己是如此优秀、如此强势、如此独特、如此全知全能而骄傲。在另一个跷跷板中，我们发现神经症患者极度贬低他的真实自我，却把别人拔高成了巨人。通过抑制、理想化和外化，自我的广阔空间被一步步吞噬，患者失去了内省的能力。就算没有真的变成影子，他也觉得自己轻若无物，毫无存在感。与此同时，他对别人的需要以及对别人的恐惧，使得这些人对他来说不但更可怕了，而且更不可或缺。因此，他的生活重心就变得更加依赖别人而不是自己，他把本该属于自己的特权拱手让给别人。其结果就是别人对他的评价变得至关重要，而他的自我评价却无足轻重，以至于别人的意见成了他生活中的指挥棒。

上述过程合在一起解释了神经症患者何以在遭人漠视、羞辱、嘲笑时如此脆弱和易受伤害。这些过程在每种神经症中都非常重要,以至于在这些方面过分敏感是最为普遍的。如果我们认识到对遭人漠视的恐惧出自多方面原因,就会明白消除它或仅仅减轻一点都绝非易事。它只能随着整个神经症的好转而减弱。

总之,这种恐惧的后果就是使神经症患者远离人群,并对别人抱有敌意。但更重要的是,这种恐惧会束缚人的手脚,使深受其苦的人无力展翅飞翔。他们不敢在任何事上给别人出主意,也不敢给自己定高的目标。他们不敢接近那些怎么看都觉得比自己强的人,即使有真知灼见也不敢表达;他们不敢发挥创造力,即使有也不敢;他们不敢让自己引人注目,不敢尝试给人留下深刻印象,不敢追求更好的职位,等等。即使他们按捺不住想去做这些事情,一想到下一秒会被人嘲笑便会马上知难而退,缩回自己的矜持和尊严里寻求慰藉。

还有一种恐惧比所有我们曾经描述过的都更难以觉察,可以将其视为所有恐惧的一个浓缩。与其他恐惧一样,它也来自神经症的发展过程,是害怕自己身上有任何改变。患者对改变表现出两种极端的态度,他们要么让整个事情朦朦胧胧,感觉在未来某个朦胧的时刻变化会通过某种奇迹而发生;要么试图在情况不甚了了的情况下迅速做出改变。第一种情况里,患者怀有这样一种看法:只要瞄一眼问题或者承认自己的脆弱就足够了。一想到为了兑现诺言必须真正改变他们的态度和倾向，他们就会惊慌失措、六神无主。他们表面上不得不承认自己确实需要改变，但仍然会无意识地抵制。第二种情况里，当患者无意识地假装要改变时，情况恰好相反。改变，在某种程度上是种一厢情愿，源自患者对自己所有不完美的难以忍受，但也取决于他无意识的全知全能感——只要有让困难消失的意愿，就足以排除万难了。

害怕改变的背后，是担心情况变得更糟——也就是说，失去理想化形象，变成那个不合格的自我，变得和别人一样，或者被心理医生分析得只剩一副空壳；害怕那些未知的东西，害怕为了让别人满意不得不放弃防护措施，特别是那些保证能解决他内心冲突的幽灵；最后，还害怕自己不能改变——在讨论过神经症的绝望之后，我们就会对这种恐惧有更深的理解。

所有这些恐惧都源于未解决的冲突。但是，如果我们想最终获得完整的人格，就必须把自己暴露于这些恐惧之下，所以它们也是我们正视自己的障碍。恐惧如同炼狱，我们必须过了这一关才能得到最后的救赎。

第十章　人格尽失

探讨未解决的冲突带给患者的后果，就像进入一个似乎广袤无垠又没怎么被开发过的疆域。也许，我们可以通过讨论某些症候性的失调——比如抑郁、酒瘾、癫痫或者精神分裂——来思考这一问题，从而更好地理解具体的精神错乱。但是，我倾向于从一个更具优势的角度去思考，并提出一个问题：未解决的冲突对我们的精力、我们的人格完整和我们的人生幸福产生了怎样的影响？我选取这个角度是因为我确信，如果我们没有理解这些症候性失调最根本的人性的基础，就不可能把握它们的意义。现代精神病学倾向于用一个方便的理论公式去解释现存所有的症状，考虑到临床医生的工作就是跟这些症状打交道，这种想法也并不奇怪。但是这么做却并不可行，更不科学，就像一个建筑工程师不打好基础就去建造顶层一样。

与我们所谈问题有关的一些因素前面已经提到过，这里只需加以详细论述；另外一些在前面的讨论中已经暗示过，还有一些需要补充进来供讨论。我们的目的不是给读者留下一个含糊的印象，觉得未解决的冲突是有害的，而是清晰全面地呈现它们对人格造成的巨大破坏。

带着未解决的冲突生活，主要意味着破坏性极大的精力浪费，浪费不仅由这些冲突本身引起，还因所有试图曲线解决这些冲突的尝试而致。当一个人根本上处于分裂状态时，他绝对不可能将自己的精力全心全意地全部投诸到任何事情上，而是想一直同时追求两个或更多相互矛盾的目标。这就意味着他不是分散了精力，就是自己的努力付诸东流。第一种情况就像培尔·金特，他的理想化形象诱使他相信，他无论做什么都高人一筹。就像这类病例中的一个女人，既想成为理想的母亲、完美的厨师和主妇；又想衣着光鲜，拥有举足轻重的社会地位和政治地位；既想做无私奉献的妻子，又想拥有婚外情，同时还做着自己做主、富有成效的工作。这显然是不可能的。她的这些追求都注定不可能实现，不管她的精力多么充沛都会白白浪费。

第二种情况更为普遍，患者只追求一个目标，但因其动机相互矛盾彼此阻碍而失败。某人也许想做个好朋友，但是因他太霸道、太苛刻，所以这种潜能从未变成现实。另一个人想让自己的孩子出人头地，但他对权力的渴求和他固执的自以为是阻碍了这个愿望的实现。还有一个人想写本书，却头疼欲裂或全身倦怠乏力，无论何时都不能立即将想说的话付诸纸上。出现这种情况依然是理想化形象在作祟：既然他是天才，为什么闪闪发光的思想不会从笔尖喷涌而出，就像一只只兔子从魔术师的帽子里跳出来？思想真没出来的话，他就会对自己勃然大怒。别人也可以有那种他想在会议上发表的真知灼见，而他不但希望以一鸣惊人、压倒众人的方式表述，还想要赢得满堂彩，无人反对。与此同时，他又因为自卑的外化而时刻担心遭人嘲笑。结果呢，他根本不能思考，即使有了靠谱的想法也永远修不成正果。还有一种人，可能思路清晰、善于表达，却由于施虐倾向而与周围每个人敌对。类似例子无需多举，只要我们看看自己和身边的人，就能找到许多。

　　这种缺乏明确方向的表现还有一个明显的例外。有时候，神经症患者会显示出一种惊人的目标专一：男性会牺牲包括自己尊严在内的一切追逐自己的野心；女性对生活一无所求只想得到爱情；为人父母者会把全部注意力倾注在孩子身上。在别人看来，这些人都是全心全意的人。然而，正如我们已经说过的，他们其实是在追求海市蜃楼，以为这能解决他们的冲突。

这种貌似全心全意表现出的与其说是拥有完整人格，不如说是绝望。

并非只有互相冲突的需要和冲动消耗着患者的精力，防护性结构中的其他因素也有同样的作用。整个人格中的某些部分由于基本冲突的抑制而被遮蔽，但被遮蔽的部分仍然极其活跃，足以干扰患者，却不能产生任何建设性作用。于是，这个过程也造成了精力的损耗，而患者本可以将其用在坚持己见、与人合作或者建立良好的人际关系上。这里还要提到另一个因素，即疏远自我，它掠夺了患者前进的原动力。他虽然照样能完成自己的工作，甚至在外部压力下能做出相当可观的努力，但要让他完全依靠他自己，他就会崩溃。这不仅仅意味着他在业余时间既毫无建树又毫无乐趣，还意味着他的所有创造力都虚掷了。

大多数情况下，各种不同因素结合起来造成了大范围扩散的压抑。为了理解并最终消除某种压抑，我们通常不得不反复分析它，从我们已经讨论过的所有不同角度去处理它。

精力的浪费或误耗源于三种主要的功能障碍，它们都表明了未解决的冲突的存在。其中之一是遇事总犹豫不决。这种情况可能无处不在，从鸡毛蒜皮的小事到至关重要的人生大事，患者可能会没完没了地踌躇是吃这道菜还是那道菜，是买这个行李箱还是那个行李箱,是看电影还是听广播。他会无休止地犹豫不决的事还有:选定一项职业或者决定事业中的任何一步;在两个女人之间做抉择;到底要不要离婚;是去死还是继续活着。对患者来说,必须做决定而且言出不可反悔实在是种煎熬,会让他惊慌失措,身心交瘁。

虽然患者的犹豫不决表现得很明显,他们自己却往往并无察觉,因为他们会在无意识中竭力避免做任何决定。他们总是一拖再拖,说自己只是"抽不出时间"做决定;他们让自己听命于机缘巧合或任由别人去做决定;他们也可能会把问题搅成一团乱麻,使人无从据此做决定;由此造成的盲目性患者也同样一无所知。因为患者用很多无意识的手段去掩盖自己无所不在的犹豫,所以医生很少听到他诉说自己有这方面的情况,而实际上这是一种较为普遍的障碍。

精力被分散的另一种典型表现是行事普遍徒劳无功。此处我指的并不是在某个特定领域里无能,这种无能可能是缺乏训练和提不起兴趣所致;也不是在说那种能力未被发掘出来的无能,就像威廉·詹姆斯[①]在一篇非常有趣的论文中描述的那

---

① 威廉·詹姆斯(William James,1842—1910),美国心理学之父。——译者

样。①他指出，当一个人不屈服于他自身的疲惫或者外部环境的压力时，就会迸发出巨大的潜能。这里的徒劳无功，是患者由于内心的冲突而无法付出最大努力造成的。就好像他开车的时候踩着刹车，车速自然就会慢下来。有时候的确是这样：患者尝试的每件事都进行得很慢，然而无论就他的能力或者任务本身的困难程度而言，都不该如此。并不是他不够努力，恰恰相反，他必定对他做的任何事都付出了超乎寻常的努力。比如，他会花好几个小时写一份简单的报告或是掌握一个简单机械装置的操作。阻碍他完成某件事的确切原因当然各有不同。他可能无意识地反抗感觉对自己造成压迫的事情；可能不由自主地去完善每个细枝末节；可能对自己怒不可遏——就像上面那个例子——恨自己没有在一开局就大显身手。徒劳无功不单表现为拖延，还表现为笨拙或健忘。如果一个女服务员或家庭主妇窃以为凭她的天分本该从事脑力工作，那她就不可能做好她的分内事。而且，她的徒劳无功通常不止于家务上，还会蔓延到她所有的活动中。从主观上看，这说明她是在扭曲的状态下工作，其必然结果就是极易疲劳和嗜睡。在这样的情况下，任何工作都必定会耗费患者更多的精力，就像一辆汽车，如果

---

① 威廉·詹姆斯：《记忆与研究》，朗文出版社，1934年。——原注

刹车抱死，开起来就很受罪。

内心扭曲与徒劳无功一样，不但见于工作中，也会很明显地表现在与人相处上。如果某人想要与人为善，但又因为觉得是在讨好别人而反感这么做，那他待人接物就会很不自然；如果他想求别人给他什么，又觉得自己应该命令别人给他，那他就会举止无礼；如果他既想坚持己见又想听从别人，那他就会犹豫不决；如果他想联系别人又怕遭到拒绝，就会很羞怯；如果他既想建立性关系，又不想对方在这段关系中占上风，就会反应冷淡；等等。反正冲突越是无处不在，生活中的扭曲便越严重。

有些患者意识到了这种内心的扭曲，但更多时候只在特定条件下扭曲愈发严重时才感觉到它。有时候，在身心偶尔放松的状态下，强烈的对比一下子就能让他们意识到内心的扭曲。对于扭曲造成的疲惫，他们通常会归咎于其他因素，比如体质虚弱、工作过量、睡眠不足。这些因素可能的确有些影响，但程度远比患者以为的小很多。

第三个典型的失调表现是普遍的惰性。有惰性的患者有时会责备自己太懒，可实际上他们不可能一面懒惰一面甘之若饴。他们可能有意识地讨厌任何形式的努力，并把这种想法合理化，认为他们只要拿主意就够了，至于"细节"——就是具体实施，那是别人的事。厌恶努力可能还会表现为一种恐惧，即害怕努力的结果会对他本人造成伤害。如果我们考虑到这样的事实：他们知道自己极易疲倦，而这一想法也会获得那些只从表面看待疲劳的内科医生的支持，那么这种恐惧也就不难理解了。

神经症的惰性意味着主动性和行动能力的丧失。一般来说，这是严重疏离自我及没有奋斗目标指引的结果。长期处于压力之下且劳而无功的经验，造成神经症患者整个人精神萎靡——尽管短暂的忙碌偶尔会打断一下。对这种状态影响最大的因素就是理想化形象和施虐倾向。不得不坚持不懈地努力这一事实，无异于告诉大家他不是他的理想化形象，这令神经症患者有受辱之感。与此同时，一想到自己的表现可能会很平庸他就非常害怕，宁愿什么都不做，只在幻想中大显身手。噬骨的自卑感一直伴随着理想化形象，掠走了他的自信，让他觉得自己什么有意义的事也干不了，进而遗忘了行动的所有刺激和乐趣。施虐倾向，尤其是在受压抑时（受虐狂），会让患者走向与攻击性完全相反的极端，继之而起的是彻底的精神瘫痪。普遍的惰性具有特别重要的意义，因为它既遮蔽了行动，也遮蔽了情感。患者因未解决的神经症冲突而浪费的精力不可估量。由于神经症从根本上讲是特定文明的产物，所以这种对人类才能和品质的损害正是对文明制度的严厉控诉。

带着未解决的冲突生活，不但要受精力分散之苦，还要面对道德本质问题上的分裂。所谓道德本质，就是加诸于个体与他人关系之上，并影响着个体自我发展的所有情感、态度和行为的道德原则。就像精力的分散造成的浪费一样，道德的分裂也损害了道德的整体性。这种损害由患者自相矛盾的立场所致，也源于患者试图掩盖其矛盾性的尝试。

水火不容的道德观也可见于基本冲突当中。尽管患者竭尽全力去调和，它们却依然各行其是。不过，这也意味着患者根本没有也不可能认真对待其中任何一个。虽然理想化形象之中包含着真正的理想，本质上却还是个冒牌货。无论对患者本人还是对一般人而言，要把它和真正的理想区分开是很困难的，不亚于让他们辨别支票的真伪。正如我们已经看到的那样，神经症患者也许会真诚地相信自己在追逐理想，并严惩自己的每一次失误，让人觉得他在追求自己的标准时过于认真；又或者他会醉心于思考、谈论价值与理想。而我认为他其实根本没把自己的理想当回事，因为这些理想对他的生活没有强制力。如果理想很容易实现或者这样做对他有利，他就付诸行动，可是一旦时过境迁，他就会随手把它们抛诸脑后。我们在讨论盲点和分隔化时已经看过这类例子。在认真对待自己理想的人看来，这种事简直难以置信。如果这些理想是发自内心的，他们绝不会轻易抛弃，不会像某人所做的那样——前一秒真诚地宣称自己把满腔热情都献给了一项事业，后一秒遇到诱惑马上就成了叛徒。

总之，德行受损的表现就是真诚渐少，日益以自我为中心。这里我要提到禅宗著作中对真诚的看法，禅宗认为真诚即一心一意，这恰好佐证了我们在临床观察基础上得到的结论，那就是：内心分裂的人不可能完全真诚。

> 弟子：我听说当狮子抓住猎物时，不管它是兔还是象，都会全力以赴，请告诉我这是什么力？
>
> 大师：这是真诚之灵。即不欺之力。
>
> 真诚，即不欺，亦所谓"献出一个人的全身心"，确切地说就是"全身心去做"……毫无保留，毫无掩饰，毫无虚饰。能如此生活，则如那金毛雄狮一般，这是气概、真诚、一心一意的象征。如此，便是圣人。①

---

① 参见铃木大拙：《禅宗及其对日本文化的影响》，东方佛教协会（东京）出版，1938年。——原注

自我中心主义是个道德难题，因为它让别人屈从于一己需要。有这种问题的人不把别人看成自有其权利的同等的人，而只视为他实现自己目的的一种工具。他们去安慰或喜欢别人，只是为了缓解自己的焦虑；他们去打动别人，只是为了强调他的自尊；他们责怪别人，只因自己不愿承担责任；他们击败别人，只因自己需要取得成功，等等。

上述损人之举的具体表现方式因人而异。其中大多数已在其他部分论述过，此处只需更系统地探讨一下。我不打算面面俱到，那样太难了。即便只谈我们尚未讨论过的施虐倾向也不容易说清，因为施虐倾向被认为是神经症发展的最后一个阶段，必须放到后面再谈。我们先从最明显的表现谈起。无论神经症如何发展都会有这样一个因素出现，即无意识的伪装。其突出的表现如下：

假装爱人。"爱"这个词包括各种情感、渴求或主观上的爱的感觉，其纷繁复杂令人惊讶。它可能包括一种寄托于他人的期望，这样的人觉得自己太弱小或太空虚，无法靠自己生活；[1]它可能还包括一种更具攻击性的形式，即渴望利用伴侣，通过伴侣获得成功、威望和权力；它可能还表达了一种需

---

[1] 参见卡伦·霍尼的《自我分析》之第8章《病态的依赖》。——原注

要，即想征服某人并凌驾于他，或者把自己融入对方，通过对方来过自己的生活，甚而以虐待对方的手段达到目的。它也许还意味着需要被人仰慕，需要别人肯定他的理想化形象。正因为在我们的文明中，爱很少出自真挚的情感，反而充斥着虐待和背叛，所以我们便有了这样的印象：神经症患者的爱不再是爱，而是变成了鄙夷、憎恨或者冷漠。但是，爱不会如此轻易地变味。事实上，是产生虚情假爱的情感和渴求终于原形毕露。不用说，与性关系一样，这种伪装也出现在亲子关系和友谊之中。

假装善良、无私、同情等，与假装爱人很相似。它是屈从型的典型特征。患者特有的理想化形象以及他对所有攻击性冲动的压抑，加固了这种伪装。

假装感兴趣和有知识，这在那些疏远自己的情感，认为单凭理性便可掌控生活的人身上最为明显。他们不得不假装无所不知，并对一切都充满好奇。但这种假象还以更隐蔽的方式表现在另一类人身上，他们似乎已经献身于某一特殊事业，而没有意识到自己其实是把兴趣当作跳板去谋求成功、权力或物质利益。

假装诚实公正最常见于攻击型患者，特别是那些有施虐倾向者。他看穿了别人假装的爱和善良，认为自己没有沾染常见的虚伪，也不假装慷慨、爱国、虔诚等，所以远比别人诚实。其实呢，他有他自己的一套虚伪。他之所以不像大多数人那样心存偏见，很可能只是出于对所有传统价值盲目而又消极的对抗。他能对人说不，也许不是因为他有实力，而是想看着别人受挫。他的坦率可能只是想嘲笑和羞辱别人。在他所谓个人兴趣的正当理由之下，可能隐藏着想利用别人的渴望。

假装受苦这一点必须更深入地讨论，因为关于它有许多混乱的观点。严格奉行弗洛伊德理论的精神分析学者与外行都相信，神经症患者想要获得被虐待的感觉，想担惊受怕，想被人惩罚。对神经症患者想受苦这一观点表示支持的资料已经众所周知。但是，"想要"这个词其实包含了各种有理智的罪行。提出这种理论的学者并没有充分意识到，神经症患者实际经历的煎熬远远超过他的认知范围，而且通常他能察觉到自己的痛苦的时候其实已经开始康复了。更重要的是，持这种观点的人似乎并不明白，因未解决的冲突而饱受煎熬是不可避免的，也是完全不以个人意愿为转移的。如果一个神经症患者让自己走向崩溃，他肯定不是因为想让自己变成这样才去承受伤害的，而是因为内心的需要强迫他这么做。如果他克己复礼，右脸被打又献上左脸，他（至少在无意识中）其实痛恨这么做，并因此鄙视自己。他是那么害怕自己的攻击性，以至于不得不走向另一个极端，让自己以某种方式遭受虐待。

另一个特点也在支持神经症患者喜欢受苦这一看法，就是患者有一种把所有苦恼小题大做或以戏剧化方式来表现的倾向。的确，患者也许因不可告人的目的而体验痛苦并进行炫耀。它可能只是患者乞求别人注意或获得别人宽恕的借口；可能被无意识地用来满足一己私利；可能是被压抑的报复心的一种表现，转而被用于消除对报复欲的压制。但是考虑到患者内心的一系列情感，他们只能运用这些手段来达到某种目的。没错，他经常误将自己的痛苦归咎于某种原因，因而给人的印象是没来由地沉迷于痛苦中。他可能郁郁寡欢，并将之归咎于自己的"过失"，可事实上他是因为自己不是他的理想化形象而痛苦。又或者，他可能因为与心爱的人分离而感到失落，虽然他把这种感觉归结为自己爱得深，而实际上是他无法忍受独自生活。最后，他可能会在情感上弄虚作假，以为自己很痛苦，其实却是满腔怒火。例如，当一个女人的情人未在约定时间来信时，她可能会认为自己很痛苦，但其实她是在生气，因为她想要事情的发展如她所愿，因为她觉得被人忽视是奇耻大辱。在这个例子中，患者无意识地选择了痛苦，而不愿认清自己的愤怒以及引发这种愤怒的神经症驱力；强调痛苦，则是因为它可以掩盖她在对己对人时的表里不一。然而我们不难从上述例子中推断出神经症患者想要受苦,而他表现出的是一种无意识的受苦的假象。

更为特殊的一种障碍是患者形成了无意识的自大。这里的意思是指患者以为自己具备了一些品质,而其实根本没有;或者对自己具有的某种品质过分夸大,并因此在无意识之中认为自己有权苛责别人,嘲笑别人。所有神经症患者的自大都是无意识的,因为患者浑然不觉自己那些要求是错误的。个中区别不在于自大到底是有意识的还是无意识的,而在于一个是显而易见的,另一个隐藏在过分谦虚和急于道歉的行为背后。还有一个区别在于患者表现出的攻击性的大小,而不是自大的程度。在第一种情况下,患者公然要求特权;在第二种情况下,患者会因为别人没有主动给他特权而暗自伤心。这两个病例中的患者都缺乏一种东西,我们或可称为实事求是的谦逊,即不但口头上,而且真心实意地承认人一般来说都是有局限性的,不完美的,而他自己更是如此。以我的经验来看,每位患者都不愿意听别人说他可能有局限,也不愿意自己去想这个问题,那些有潜在自大倾向的患者尤其如此。他宁肯毫不留情地责骂自己的疏忽,也不愿像圣保罗那样承认"我们的知识都是零散的"。他宁肯责怪自己粗心或懒惰,也不肯承认没有人能在任何时候都同样高效。潜在自大最明确的标志就是患者一方面特别急于道歉、自我批评，同时内心又对外界任何的批评和忽视心怀不满，两种态度的矛盾非常明显。医生往往需要深入观察才能发现这些受伤的感觉，因为过分谦虚型的患者多半会压抑它们。但实际上，他可能和公开表现出自大的人一样喜欢提要求，而且批评起人来与后者一样尖刻，尽管表面上他可能一味地对别人表示钦佩。然而在心底里，他暗暗以自己想象出的完美来期待别人，就像要求自己那样，这说明他对别人的独特个性缺乏真正的尊重。

另一个道德问题是立场不明以及由此导致的不可靠。神经症患者极少会根据一个人、一种想法或一件事的客观情况来决定立场，而是以自己的情感需要为依据。不过，由于他的情感需要是互相矛盾的，他的一种立场随时会被另一种取代。因此，许多神经症患者都容易摇摆不定，（也许是无意识地）在更多的温情、更大的特权以及获得认可、权力或者"自由"的诱惑下而改变立场。这一特点也反映在他们所有的人际关系中，无论是与个人抑或是群体中的一员打交道都是如此。他们对别人常常不能坚持一种情感或看法，某些捕风捉影的闲话就可能改变他们的观点。别人的失望或怠慢，或者他们感觉别人是这样的，就会将此作为放弃一个"极好的朋友"充分的理由。稍微遇到一点困难，他们就会从热情洋溢变成无精打采。他们或许会因某些私人恩怨而改变自己的信仰、政治或学术观点。他们也许会在私下谈话时表明立场,但只要某个权威人士或群体施加一丁点儿的压力,他们立刻就会做出让步——常常还不知道自己为什么改变了观点,甚至根本意识不到自己改变了观点。

神经症患者可能会无意识地避免表现出明显的犹豫不决,办法是不第一个表态或者"骑墙"观望,从而为自己留足余地好随时倒戈。他可能会以形势错综复杂为由让这种态度看起来冠冕堂皇,或者被一种强迫性的"公平正义感"支配。毫无疑问,真心追求公正是件有意义的事。而且,一心追求公正也的确会使人在很多情况下更难以明确表态。但是,公正也可能是理想化形象的一种强制性属性,其作用就是让表明立场变得没必要,同时还能让患者感觉自己超越了偏见之争并因此自觉"荣光加身"。在这种情况下,患者倾向于不加鉴别地相信,两种观点其实并没有那么矛盾,争辩双方各有其理。这是一种伪客观性,会阻碍人认清事物的本质。

在这方面,不同类型的神经症患者表现大有不同。最为诚实正直的当属那些真正的孤僻型患者,他们对漩涡般的病态竞争和亲密关系敬而远之,不会轻易地被"爱"或野心收买。而且,他们对生活那种冷眼旁观的态度往往会让他们在做判断时保持相当的客观。不过，并不是每个孤僻者都有自己的立场，他也许太反感争论或者不愿负责，以致连他自己都不确定他有明确的立场，他要么含糊其辞，要么至多能分清孰好孰坏、有效无效，可就是没有自己的定见。

另一方面，攻击型患者的表现似乎反驳了我关于神经症患者很难有立场这一断言。尤其是如果他固执地自以为是，就似乎格外有能力表达鲜明的立场，捍卫它们并忠于它们。但这种印象是有欺骗性的。这种类型的人之所以立场坚定，更多是由于他固执己见，而不是因为他有真正的定见。由于这些观点被他用来压制自己的怀疑，所以常常带有教条式的甚至极端的特点。此外，他还会被有望获得的权力或成功所诱惑，改变自己的观点，他的可靠性也因为他对权威和认可的强迫性渴望而大打折扣。

神经症患者对于责任的态度可能比较含混不清。部分是因为这个词本身就有多种内涵，它可以指尽心尽力地履行职责或义务。在此意义上，神经症患者是否尽责取决于他具体的性格结构。各种类型的神经症在这个问题上表现并不相同。对他人负责也许意味着只要自己的行为影响了别人，就要为此负责；但它也可能是想支配他人的委婉说法。当某人认为承担责任意味着承受责备时，可能仅仅是在表达自己不是理想化形象的愤怒，在此意义上它其实与责任没有任何关系。

如果我们很清楚为自己的所作所为负责到底意味着什么，就会明白对任何神经症患者来说，负责就算并非不可能，也是相当困难的一件事。首先，负责意味着实事求是地向自己也向他人承认，自己有如此这般的意图、言辞或行动，而且愿意承担其后果。这与神经症患者惯用的撒谎或者怪罪别人的做法正好相反。在这个意义上，为自己负责对神经症患者而言是很困难的，因为他往往不知道自己在做什么，又为什么这么做，甚而主观上根本就不想知道。这就是为什么他常常试图通过否认、遗忘、贬低、找其他借口，或者觉得被人误解、感到一头雾水来逃避责任。因为他倾向于把自己排除在外或宣称自己无错，所以他就很容易认为他的妻子、生意伙伴、心理医生应当为所有的麻烦负责。还有一个因素也常常会让他无力承担自己行为的后果，甚至根本看不到这些后果，那就是他内心潜藏的一种无所不能感。凭着这种感觉，他以为自己可以为所欲为而又不必负责。一旦意识到那些不可避免的后果，这种感觉就会被击得粉碎。最后一个与此相关的因素，乍一看很像是智力有问题，即不会根据因果关系进行思考。神经症患者给人的普遍印象是天生就只会根据错误和惩罚来考虑问题。几乎每位患者都觉得医生是在责备他，而实际上医生只是想让他面对他的难题及其后果。离开医生之后，他会觉得自己像个犯人，时刻处于怀疑和攻击之下，因而一直保持防御状态。事实上，这是心理过程的一种外化。而我们已然知晓，正是他自己的理想化形象使他觉得别人怀疑他、攻击他。就是这样一个查错并辩护的内部过程，再加上它的外化，使他几乎不可能在自己牵涉其中时思考事情的因果关系。但是只要那些问题不涉及他个人的麻烦，他可以像任何人一样实事求是。比如下雨，街上湿了，他不会去问这是谁的错，而会接受这种因果联系。

当我们说自己承担责任时，意思是指能够挺身而出捍卫自己认为正确的东西，而且当我们的行为或决定被证明是错的以后，愿意承担后果。可当一个人被内心冲突分裂时，这么做是很困难的。他应该或者能够去捍卫内心的哪一种冲突倾向呢？这些冲突无一代表着他真正想要或者相信的东西，他真正能够捍卫的只有理想化形象。然而，这个形象却不允许任何错误。因此，如果他的决定或行为惹了麻烦，他就必须篡改事实，把坏结果归咎于别人。

举一个相对简单的例子就能说清楚这个问题。某组织的一位领导渴望无限的权力和威望，没有他，什么事情、什么决定都不能做；他不愿意把自己的职责委托给那些经过训练更能胜任相应事务的人。在他看来，世界上没什么事是他不懂行的。

此外，他还不想让其他人变得不可或缺。他认为，只不过是因为时间和精力的有限他才没能达到自己的预期。可是这个人不但想支配别人，还想屈从别人，想做超级大好人。由于这些未解决的冲突的存在，他身上便有了我们已经描述过的所有特征：惰性、嗜睡、犹豫不决、行事拖沓，也就不能安排好自己的时间。因为他觉得守约是难以忍受的强制，所以私下里很喜欢让别人等他。此外，他还会做许多无关紧要的事情，仅仅因为那样能满足他的虚荣心。最后，他还渴望成为一个无私的居家好男人，为家庭奉献大量时间和心血。自然地，他领导的组织无法像他想象的那样运转良好，但是他看不到自己的缺点，只会责怪别人或者糟糕的环境。

我们又不禁要问：他能为他人格中的哪部分负责呢，是他的支配倾向，还是他顺从、息事宁人的倾向？首先要指出的是，这两种倾向他其实哪种都意识不到。可就算他意识到了，他也不能取一个而舍另一个，因为两者都是强迫性的。而且，除了完美的品德和无限的能力，他的理想化形象也不允许他看到自身的其他东西。因此，他不能为伴随冲突而来的不可避免的后果承担责任，这么做的话，会让他一直存心掩盖的东西暴露出来。

总的来说，神经症患者特别反感（当然是无意识地）为自己行为的后果承担责任。即便是很明显应由他承担的,他也视而不见。由于不能摆脱内心的冲突,他便执着地认为(又是无意识地),像他这样神通广大的人应该能够对付这些冲突。他相信,后果可能会束缚别人的手脚,但对他来说这种问题根本不存在。因而他必须一直躲躲闪闪,不承认因果关系的规律。一旦他敞开心扉认识到这一切,就会得到一个极大的教训。这些问题以极其简单明了的方式表明,他的生存防御系统起不了作用,就算他用尽所有无意识的阴谋诡计,也不能改变人类精神生活的规律,这规律与物质世界的法则一样不可动摇。①

实际上,整个责任问题根本引不起患者的兴趣。他看到的或者模模糊糊感觉到的只是其消极的一面,而他没有看到并且只能慢慢学着去领会的一个事实就是,因为他无视责任,他对于独立的追求彻底落了空。他本以为大胆排除一切担当就能有望获得独立,可实际上独自承担责任正是实现内心真正的自由所不可或缺的条件。

神经症患者不想承认自己的问题,不想承认痛苦来自他内心的困境,为此,他会在三种策略中选择——常常是三种并

---

① 参见林语堂的《啼笑皆非》,在《因果报应》一章中,作者就西方文明对这些精神规律缺乏了解的状况表示了震惊。——原注

用。在此，外化被用到了极致，所有来自食物、天气、父母、妻子、命运的影响都成了患者责怪的对象，被归结为造成某种灾难的原因。或者他会摆出这样的态度：因为一切都不是他的错，所以任何降临到他身上的不幸都是不公。他居然生病、变老或者死去，这不公平；他居然婚姻不幸，生了个问题孩子，或者工作不被认可，这也不公平。这种想法，或许是有意识的或许是无意识的，但都是错上加错。因为它不但排除了自己对困境应负的责任，还将所有与他生活有关的外在因素都抹煞得干干净净。不过，这么做自有其内在逻辑。这是一个与世隔绝者的典型想法，他一切以自我为中心，他的唯我独尊让他无法看清自己只是更大链条上的小小一环。他一厢情愿地认为，他应当在特定的社会系统、特定的时间里得到所有的好处，却不喜欢与他人发生有益或有害的联系。所以，他不明白他为何会因那些自己不曾涉身其中的事情苦恼。

第三个策略与他拒不承认因果关系有关。在他看来，事情的后果都是孤立出现的，与他本人或他的困境无关。比如，抑郁或者恐惧或许会没来由地突然袭击他。当然，这可能是因为心理上的忽视或者疏于观察所致。但在分析中我们看见，患者拒不承认一切无形的联系，并做出最顽强的抵抗。他会一直怀疑或忘记这些联系，或者觉得心理医生不尽快解决他那些烦人的紊乱（这正是他求医的目的），反而"责怪"他，是在狡猾地维护医生自己的面子。因此，尽管患者可能已经渐渐熟悉了与他的惰性有关的那些因素，却依然对这样一个显而易见的事实视而不见——他的惰性不仅拖慢了分析的进度，还让他做的每件事都进展缓慢。或者有的患者也已经意识到自己对别人有攻击—贬损行为，却不能理解为何自己会经常与人争吵，被人讨厌。他内心的这些困境是一码事，每天要面对的现实问题又是另一码事。他把内心的烦恼与它们对他生活的影响分隔开来，正是分隔化倾向的主要根源之一。

神经症患者拒不承认其态度和倾向所造成的后果，这种抗拒绝大部分都深藏不露，而且容易被医生忽视，因为在医生看来这种因果关系是如此显见。这是很不幸的，因为除非医生让患者意识到他对后果的无视以及他为什么会这么做，否则他绝不可能认识到他是多么严重地妨碍了自己的生活。对后果的认知是精神分析中最强有力的治疗手段，因为它让患者明白，他只有改变自己的内在，才能获得自由。

那么，如果神经症患者不能面对自己的伪装、自大、利己主义、逃避责任，我们还能从道德角度来讨论吗？有人认为，作为医生，我们只需关心患者的病情和治疗，其道德问题并不在我们的职责范围。人们认为弗洛伊德理论中颇为人称道的一点，在于要求医生推翻"道德主义"态度，而我却觉得似乎应当大力提倡！

弗洛伊德的观点在人们看来很科学，可是它站得住脚吗？我们真的可以在判断人类行为时排除对与错吗？如果让医生来决定什么需要精神分析的检验，什么不需要，他们难道不正是根据他们有意识拒斥的判断着手工作的吗？然而，在这些含糊的判断中存在着一种危险：产生这些判断的基础很可能不是太主观就是太传统。因此，医生可能会觉得男人拈花惹草无需在意，而女人如此就值得深究。或者，如果他认为性欲驱使下的放浪形骸是正常的，也许就会断定无论对男人还是女人，忠贞不贰反倒需要分析治疗。其实，应当依据患者具体的神经症类型进行判断。要决定的是，患者表现出的态度是否有害于他的发展和他的人际关系。如果确实有害，这种态度就是错的，需要进行分析治疗。医生应该将其下结论的理由明确告知患者，以便使他厘清头脑打定主意配合。最后还要问一句，上述观点中不是包含着与患者的想法相同的谬误吗？也就是说，道德只是个如何判断的问题，而非从根本上说是带有后果的事实吗？让我们以神经症的自大特征为例。无论患者应不应该对此负责，自大就是客观存在的事实。医生相信，自大是患者需要认识并最终克服的一个问题。他持这种批判态度，不是因为从小在主日学校就懂得了自大有罪而谦卑是美德吗？或者，他的判断来自这样的事实：自大既不现实，又会产生不利的后果，而且不可避免要由患者来承担，无论他是否有责任。自大的后果，就是阻碍患者认识自己，并有损于他的正常发展。此外，自大的患者还容易待人不公，这又会带来反作用：不仅令他不时与他人发生冲突，而且总体上与他人疏远。这只会使他更深地陷入神经症之中。因为患者的道德一部分产生于他的神经症，一部分又维持着他的神经症，所以医生别无选择，只能对道德加以关注。

第十一章　无望

尽管内心有冲突，神经症患者偶尔还是能感到满足，能享受他感觉与自己意气相投的东西。可是他的幸福要依靠太多的条件，因此不能经常出现。他没法得到乐趣，除非他是独自一人；除非是和别人分享；除非他就是左右局势的那个重要角色；除非他获得了所有人的支持。让他幸福的条件经常互相抵触，因此他幸福的机会就更加渺茫了。他也许很高兴让另一个人当头儿，可同时又会对此愤愤不平。一个女人可能既享受丈夫的成功，又为此而嫉妒他。她可能很喜欢办派对，但又要求每件事都尽善尽美，结果晚会开始前她就已经兴味索然了。就算神经症患者真的找到了暂时的幸福，这种快乐也很容易被他的脆弱和恐惧破坏。

不仅如此，他还把每个人生活中都会发生的意外看得太过严重。随便什么无关紧要的失败都可能让他陷入抑郁，因为这证明了他总体而言毫无价值，即便失败是由不可控的因素造成，他也依然如此。任何无伤大雅的批评都可能让他忧心忡忡，思前想后。像这样的事还有很多。其结果就是，他的不开心和不满意通常都远非环境造成的，而是庸人自扰。

尽管这种局面已经够糟了，却还在继续恶化。只要有希望，人显然能够忍受巨大的苦难；但是神经症患者的纠结却总是产生一种绝望，越是纠结就越绝望。这种绝望可能藏得很深，而表面上，神经症患者会全神贯注地想象或规划着能让情况好转的条件。男性患者会想，若是他已经结婚，有座大房子，那单位换个领班、家里换个妻子，情况就会好起来；女患者会想，假如她是男人，再老一点或年轻一点，再高一点或矮一点，那么一切都好办了。有时候，消除某些令人不安的因素确实对患者有帮助；可更多时候，这些希望不过是内心冲突的外化，注定要归于失望。神经症患者盼望外部变化带给他一个美好的世界，却又不可避免地把他自己和他的神经症带进每个新环境中。

当然，寄希望于外部环境在年轻人中更普遍。这就是为什么分析特别年轻的患者并不如我们想的那么简单。随着年龄的增长，希望一个个破灭，患者更愿意好好审视一下自身，看自己是不是不幸的根源。

即使患者总体的绝望感是无意识的，我们仍然可以从各种迹象当中推断出它的存在和力量。在患者的一生中也许会有一段插曲，显示出他对失望的反应强烈而持久，远远超出正常的尺度。因此，某人也许会因为青春期的失恋、朋友的背叛、不公平的解雇、考试的失败而陷入一种彻底的绝望。自然，我们首先想弄清的是，究竟是什么特殊原因造成了如此严重的反应。但是，我们通常会在所有特殊原因之上发现，不幸的经历往往是他更深层绝望的源泉。同样，一心向死或涌起自杀的念头（不管是否出于真心）都表明患者心中无时不在的绝望，尽管他表面一副乐观向上的样子。凡事轻率、拒绝认真待人待事（无论在精神分析中还是平时）与遇到困难时极易气馁一样，是绝望的又一标志。许多被弗洛伊德定义为"消极的治疗反应"的情况与此类似。换个角度审视自己尽管很痛苦，却不失为一条出路。但是对绝望的患者来说，这样只会令他灰心丧气，他不愿意劳心费力地又一次去攻克新的难题。有时候，似乎是患者不相信自己能克服那个困难；但实际上这反映出他的绝望，不指望能克服困难收获希望。在这种状态下，他抱怨内省伤害或吓坏了他，对心理医生让他难过感到不满，都是合情合理的。整日沉迷于预见或预言未来，亦是绝望的一个标志。虽然表面上这种做法像是常见的对生活的焦虑，担心遭遇不测，担心犯错，但我们在这些患者身上总能观察到悲观绝望的气息。像卡桑德拉①一样，许多神经症患者预见的大部分是不幸，极少有好运。这样关注生活的阴暗面而不是光明面，不管患者如何机智地将其合理化，仍然令人怀疑其内心隐藏着很深的绝望。最后，还有一种慢性的抑郁状态，由于特别隐蔽，藏得很深，没被医生察觉。患者沉溺其中，表面上各种功能相当正常，也能开心，能过得愉快，但是每天早上都需要好几个小时才能振作起来，恢复知觉，重新去忍受生活。生活对他们而言永远是肩头的重负，他们几乎感觉不到，也不去抱怨。可是，他们的精神状态永远处于低潮。

虽然产生绝望的根源总是无意识的，但绝望感本身却能够相当清楚地被患者意识到。患者可能有一种无处不在的宿命感，他可能总体上的生活态度是顺从的，从不祈盼好运，就觉得人生必须经历苦难；他可能会用哲人的口气表达自己的绝望，说人生本质上就是悲剧，只有傻瓜才不知道人的命运不可

---

① 希腊神话中特洛伊公主，阿波罗的祭司，因不从阿波罗而被诅咒：凡她的预言都将言中，但谁也不信，而且她的预言全是不吉利的，如背叛、过失、死亡、灭国。所以，人们不但不相信她，还嘲笑并憎恨她。她的预言能力成为她日后无尽痛苦的根源。——译注

改变。

心理医生常常在初见这类患者时就已发现了他的绝望。患者不愿做出最微小的牺牲，不愿忍受哪怕一丁点的不便，不愿承担最轻微的风险，因此给人一种过于任性而为的印象。可事实却是，当他根本不指望从中得到什么的时候，他就找不出任何非要他做出牺牲的理由。同样的态度在精神分析过程之外也能看到。他会在自己完全不满意的情境中逗留，尽管稍加努力或略微采取一点主动情况就能好转。但是患者可能已经被他的绝望彻底麻痹，再微不足道的困难似乎也成了他无法逾越的障碍。

有时候，一句不经意的话会让这种状态暴露出来。当医生只是说起某个问题还未解决，需要进一步分析时，患者就会这样回应："你不觉得这是没希望的吗？"还有，当他开始意识到自己的绝望时，他通常无法厘清问题所在。他很可能会将它归咎于各种外部因素，从工作、婚姻到政治局势，但这种绝望其实并非来自任何具体或暂时的环境。他觉得自己的生活无法变得充实，自己也不可能得到幸福或自由，总觉得所有能使他的人生有意义的事都对他敬而远之。

也许，索伦·克尔恺郭尔已经做出了最深刻的解答。在《致死的痼疾》中他说，所有绝望本质上都是对无法成为自己而绝望。古往今来的哲学家不仅强调成为自己至关重要,还强调如果人遇到阻碍他成为自己的障碍就会产生绝望。这也是禅宗著作中的核心话题。在现代学者中,我只想引用约翰·麦克穆雷①的一句话:"除了完全彻底地成为自己,我们的存在还有什么其他意义吗?"②

无望感是未解决的冲突的最终产物,其根源在于对身心合一、不被分裂丧失了希望,正是不断累积的神经症难题导致了这种状况。患者先是感觉为冲突所困,就像罗网中的小鸟一样毫无逃脱的可能。继而尝试以各种办法解决冲突,其结果是不但失败了,还日益疏远了自我。患者的经历一次次地加深了他的绝望,才能根本不能带给他成功,不是因为精力一再分散到太多的事情上面,就是因为实施过程中产生的困难阻止了他的继续追求。这种情况也发生在恋爱、婚姻、友谊方面,它们同样一个接一个被毁掉了。反复失败着实令患者气馁,感觉就像实验室里的小白鼠,习惯性地不停跳进某个出口找食物,它们跳了一次又一次,每次都发现此路不通。

此外,患者还在进行着毫无希望的追求,想成为理想化形

---

① 约翰·麦克穆雷(John Macmurray, 1891—1976),苏格兰人,哲学家。——译者
② 约翰·麦克穆雷:《理性与情感》,费伯出版社(伦敦),1935年。——原注。

象。很难说这是不是导致他绝望的最关键因素,但有一点毫无疑问,当患者在精神分析过程中开始意识到自己远不是他想象中那个独一无二的完人时,绝望就会明显表现出来。他在此时感到绝望,不仅因为他对达到自己所幻想的高度感到无望,更因为这种认识引发了他深深的自卑感,这种自卑感粉碎了他再去得到点什么的希望,不管是爱情还是事业,他都不敢再有奢望。

最后,导致患者产生绝望的因素还包括这样一些心理过程:使一个人的生活重心从自我转向他人;让他不再积极主动地生活。这些过程唯一的结果就是让他失去自信,对自己作为一个人的成长失去信心,变得极易放弃。这种态度虽然可能被忽视,后果却极其严重,完全可以称之为心灵的死亡。正如克尔凯郭尔所说:"尽管他已经绝望……却过得很充实,忙于各种眼前的事情,结婚,生子,争取声名和地位——也许没有人注意到,从更深层的意义上讲他是没有自我的。这种事在世人看来没什么可大惊小怪的,因为自我是俗世中人最不会过问的东西。而对某人来说,最危险的事莫过于让别人注意到他有自我,比这还要可怕的是失去自我,它也许悄无声息地来临,就像什么都不曾发生过。相比之下,失去任何其他东西如一条胳膊、一条腿、五美元、一个妻子等,倒是肯定会被人注意到。"

根据我的经验，心理医生常常不正视绝望的存在，因而也不会进行恰当的治疗。我的一些同事曾对患者铺天盖地的绝望感到不知所措，他们虽然意识到了却并未重视，以致最后连他们自己也陷入了绝望。这种态度对一个医生来说当然很要命，因为不管医生的技术多高明，想法多大胆，患者都觉得医生已经放弃了他。在精神分析之外也是如此，如果一个人不相信同伴的潜能有可能变成现实，那他就不会成为对同伴确有助益的良师益友。

有时候，我的同事又犯了刚好相反的错误，即急于消除患者的无望感。他们觉得患者需要鼓励，就那么做了。此举固然值得称赞，但还远远不够。医生鼓励了患者之后，即便患者感激其好意，还是会因此感到恼火，因为患者心里清楚，他的绝望并不单单是一种情绪，不是善意的鼓励就能消除的。

为了抓住要害，直接解决问题，有必要先从上述那些间接的标志中辨认出患者的绝望及其程度。然后，必须明白他的绝望完全源于他内心的纠结。医生一定要意识到这一点并明确告知患者，只有在维持现状不变而且他也认为它不会改变的条件下，他的状况才是无药可救的。契诃夫的《樱桃园》中有一幕恰好对这个问题做了简洁的说明。那个濒临破产的家庭，一想到要舍弃他们的庄园包括钟爱的樱桃园就陷入了绝望。一个见过世面的人出了个好主意,建议他们用一部分地皮盖些小房子出租。由于思想守旧迂腐,他们接受不了这个计划,又因别无他法,一直陷在绝望中无法自拔。他们好像根本不曾听过这个建议,一味徒劳地四处求告,不管人家能否帮他们出主意或出手相助。如果他们的指导者是位优秀的心理医生,就会说:"这样的状况的确有些难,但造成这种绝望的正是你们对此事的态度。如果你们愿意改变一下生活态度,那就不会感到绝望了。"

是否相信患者能真的做出改变,或者说是否相信他能真正解决自己的冲突,决定了医生是否敢于解决这个问题以及能否解决得较为成功。这一点上恰恰反映出了我和弗洛伊德的分歧。弗洛伊德的心理学及其哲学本质上是悲观的,无论是他对于人类未来的展望[1],还是他对于治疗的态度[2],都十分明显。从他的理论假设出发,除了走向悲观别无他路。他认为人是受本能驱使的,本能最多只能通过"升华"有所改进,人出于本

---

[1] 西格蒙德·弗洛伊德:《文明及其不满》,载《国际精神分析文库》第17卷,列奥纳多和维吉尼亚·伍尔夫编,1930年。——原注
[2] 西格蒙德·弗洛伊德:《可终止与不可终止的分析》,载《国际精神分析》杂志,1937年。——原注

能追求满足必定被社会现实挫败。他的"本我"无奈地辗转于本能和"超我"之间，只能被动地改变。超我主要负责发出禁令，实施破坏。真正的理想状态并不存在，自我实现之愿望不过是种"自恋癖"。人类天生具有破坏力，会在"死亡本能"的驱使下或伤害他人或使自己受苦。所有这些理论都没有给做出改变的积极态度留下多少空间，这也限制了弗洛伊德开创的极具潜力的治疗方法的价值。相反，我却相信神经症的强迫性倾向并非与生俱来，而是紊乱的人际关系导致的。一旦后者得到改善，前者也会有所改变，此前造成的冲突也能得到真正的解决。这并不意味着根据我提倡的理论形成的治疗方法就没有局限了，要弄清楚这些局限，我们还有许多工作要做。但这的确表明我们有充分理由相信，彻底改变是有可能的。

那么，认清并处理患者的绝望为什么如此重要呢？首先，由此入手有助于处理抑郁和自杀倾向这类问题。诚然，要消除他的抑郁，我们只需揭示患者当时身陷的冲突，不必触及他总体的绝望。但是，如果我们想要阻止抑郁复发，就必须处理绝望这个问题，因为它是导致抑郁的更深层原因。而且，如果我们不解决这个根源，就没办法对付那种潜在的长期抑郁。

在自杀问题上，情况也是一样。我们知道，像极度绝望、拒绝服从、怀恨在心之类的情况都会催生自杀的冲动。但是，当这些冲动显现出来后,往往就太迟了,自杀已无法阻止。只要密切注意绝望那些不那么戏剧化的迹象,选择恰当时机着手处理患者的问题,许多自杀行为是可以避免的。

更具普遍意义的事实是,患者的绝望阻碍了对严重神经症的治疗。弗洛伊德倾向于把所有妨碍患者进步的东西都称为阻力,但是我们难以从这个角度去看待绝望。在精神分析中,我们必须研究阻碍和推进的相互作用,并研究阻力和动力。阻力是个总称,指的是患者用来维持现状的所有力量。而他的动力由推动他追求内心自由的建设性力量产生,有了这样一种动力我们才能工作,没有它我们就一事无成。它能帮助患者克服阻力;它能使患者产生丰富的联想,并由此使医生有机会深入理解他;它赋予他内在的力量去承受不可避免的成长代价;它让他甘冒风险抛弃曾带给自己安全感的态度,转而采取一种全新的态度对待自己和他人。医生不能把患者拖进这个过程,必须患者自己愿意才行。而这种极其宝贵的力量却因绝望的存在陷入瘫痪。在对抗神经症的战斗中,如果不能认识并掌握这种力量,医生就会失去他最好的盟友。

患者的绝望不是个仅凭简单说明就能解决的问题。如果患者开始意识到它是个最终可能会解决的问题,而不是被宿命感吞没,认为它永远不可更改,就已经取得了实质性的收获。这一步最大程度地解放了患者，使他能继续前进。当然，未来的路会有起起落落。在得到一些有益的见解之后，他也许会变得乐观甚至过分乐观，而一旦遇到更苦恼的问题，他就会再次向绝望屈服。尽管每次遇到问题都必须从头再处理一次，但是当患者认识到他真的能够有所改变时，绝望对他的钳制就会放松，他的动力也会相应增加。在精神分析之初，这种动力可能仅限于一种愿望——摆脱最令他不安的症状；但是当患者日益了解了自己身上的桎梏，尝到了自由的滋味，这种动力就会越来越强大。

第十二章　施虐倾向

受困于神经症的绝望的患者，总是设法以某种方式"继续"生活。如果他们的创造力还未被神经症消磨殆尽，他们或许能在一定程度上有意识地接受个人生活的现状，将全部精力投入到自己可以有所作为的领域。他们会投身于某个社会活动或宗教运动，或者效力于某个组织。他们的工作可能是有价值的，尽管做起事来总是兴趣缺缺，但他们无意磨炼自己，这一点更为重要。

另外一些患者则使自己适应了特殊的生活环境，可能不再去质疑它，却依然找不到什么意义，只好努力履行自己的义务。约翰·马昆德[①]在他的《时间太少》中就描绘了这样的生活。我认为，这正是埃里希·弗罗姆[②]所谓有"缺陷"的状态，与神经症形成对比，但是我把它视为神经症过程的一个结果。

另一方面,他们可能会放弃所有严肃或有希望的追求,转而立于生活的外围,企图从中攫取一点快乐,从某种嗜好或偶然的欢愉——比如美食、宴饮、无伤大雅的风流韵事——中找到自己的兴趣。或者,他们会放任自流,走向堕落,任由自己彻底垮掉。因为不能从事任何有连贯性的工作,他们沉迷于酗酒、赌博、嫖妓。查尔斯·杰克逊[③]在《失去的周末》里描绘的酗酒行为,可以说是这种状态最后一个阶段的写照。患者不自觉地决心走向崩溃,会不会是造成肺结核和癌症这类慢性疾病的重大心理原因呢?考察这个问题将会非常有意思。

最后,失去希望的人也许会变得极具破坏性,但同时又企图通过代偿性生活求得补偿。在我看来,这就是施虐倾向。

因为弗洛伊德认为施虐倾向是人的本能,精神分析的重点一直大量集中在所谓的施虐反常行为上。日常人际关系中的施虐模式虽然未被忽视,却一直没被严格界定。任何独断或攻击

[①] 约翰·马昆德(John Marquand,1893—1960),美国小说家。——译者
[②] 埃里希·弗罗姆:《个人与神经症的社会根源》,《美国社会学评论》第9卷,第4期,1944年。——原注
[③] 查尔斯·杰克逊(Charles Jackson,1903—1968),美国作家,《失去的周末》是他的成名作。——译者

性行为都被当成了出于本能的施虐倾向的修正或升华。例如，弗洛伊德认为追求权力就是一种升华。追逐权力的确会做出施虐行为，但是对于一个认为生活就是人与人互相对抗的人来说，它仅仅意味着为生存而战。这其实根本不需要非得是神经症患者不可。由于这种结果没有分清两者，因而我们既不能全面了解施虐性态度采取的形式，也没有任何标准能准确定义何为施虐。于是很大程度上就要仰仗医生的个人直觉来断定哪些是施虐狂行为而哪些不是，在这种情况下很难进行有效的临床观察。

单是伤害他人这一行为本身并不能表明患者有施虐倾向。一个人如果卷入了个人或集体的争斗，非但不得不伤害对手，还不得不伤害同伴。一个人对他人的敌意也可能只是反应性的。当他感觉受到伤害或惊吓想用武力还击时，尽管客观上这种还击比挑衅严重，但他主观上觉得很有必要。然而，我们在这方面却很容易自欺欺人：听上去往往合情合理的反应，做起来却有着实实在在的施虐倾向。但是，难以把两者区分开来并不意味着反应性的敌意就不存在。最后，还有攻击型患者为生存而采取的那些攻击性策略，我也无意称其中任何一种为施虐行为。别人可能会因这些行为而受到伤害，但那些伤害与其说是患者的主要目的，不如说是其行为不可避免的副产品。简而言之，虽然我们这里提到的行为是攻击性的甚至敌对的，但这些坏事并非出自卑劣的意图。患者并未在伤害别人的过程中有意或无意地感到满足。

与此相反，让我们来看几种典型的施虐态度吧。最显而易见的是那些肆无忌惮地表现出施虐倾向的人，不管其本人对这种倾向有无意识。在下文中，当我提到施虐者时，我指的就是这个人对他人的态度具有显著的施虐倾向。

这类人可能一心想奴役别人，或者奴役某个特定的伙伴。他的"受害者"必须是个他这个超人的奴隶，不仅没有愿望、感情或者主动性，还对主人没有任何要求。这种倾向的表现方式也许是塑造或教育那个受害者，就像《皮格马利翁》①中的希金斯教授塑造艾丽莎那样。在最好的情况下，这种方式有其建设性的一面，一如父母之于孩子或者教师之于学生。这一面偶尔也会出现在性关系中，特别是在施虐一方相对更成熟时。有时候，在一方年长一方年少的同性恋关系中，这一面也是很明显的。但即便这样，如果那个奴隶流露出任何想自行其是，想拥有自己的朋友和爱好的迹象，主人便会凶相毕露。通常

---

① 萧伯纳的剧作。剧中人皮格马利翁是希腊神话中古代塞浦路斯的一位国王。后来，美国心理学家提出了"皮格马利翁效应"。——译者

（但并非一成不变），这位主人的内心萦绕着一种占有性的嫉妒心，还以此来折磨对方。这种虐待关系的特殊之处在于，施虐者对控制受害者的兴趣要远大于对自己生活的兴趣。他宁愿把自己的事业丢在一旁，放弃与其他人相聚的乐趣和益处，也不愿给他的"奴隶"一点点自由。

他奴役这个伙伴的方式也很有特点，其变化范围相当有限，而且取决于双方的人格结构。施虐者会向这个伙伴施以小恩小惠，刚好够让这种关系看上去值得后者去维持。他还会满足这个伙伴的某些需要，尽管极少会超出维持其精神需要的最低水平，但他会让对方牢记他所给予的是多么独一无二。施虐者会指出，没有谁能这样理解他、支持他，给他这么多的性满足或者如此多的好处；而且，也没有谁能忍受得了他。此外，施虐者还会用将有的好处诱惑他——含蓄或直白地承诺爱情、婚姻或更好的经济状况、更好的对待。有时候，施虐者会向对方强调自己离不开他，从而加强自己对受害者的吸引力。由于这些策略极富占有性且极端贬低他人，因此可以更有效地将受害者与其他人隔离开。如果受害者已经被塑造得足够依赖他，他也许最终会威胁说要离开受害者，并且还会采取进一步的威胁手段，但这些手段自有其规律，我们将在其他场合单独讨论。当然，如果我们不把受害者的特点考虑进来，就不能真正理解这种关系的发展过程。这个人往往是屈从型人格,所以害怕被遗弃;也可能是个极度压抑自己的施虐倾向,因而变得可怜无助的人。对此,下文中将加以讨论。

基于这种关系而生的相互依赖,不但激发了被奴役者的不满,也同样令奴役者不满。如果后者对孤独离群的需要极为明显,他就会因伙伴总对他言听计从,耗费他的精力而特别恼怒。因为没有认识到正是他自己创造了这些令人窒息的束缚,他还会责怪伙伴贪得无厌或死缠烂打。想从这种情况下抽身而去的愿望,既是在表达他的恐惧和不满,也是种威胁的手段。

并不是所有的施虐狂都渴望奴役他人,还有一类会像拨弄乐器一样玩弄另一个人的情感,以此寻求满足。在小说《勾引家日记》里,克尔恺郭尔展示了一个对自己的生活已经绝望的人是如何全身心地投入到这种游戏中去的。这个人知道何时流露出兴趣,何时表现得冷漠。他能极其敏锐地预见并观察女孩对他的反应,知道如何挑起她的性欲,如何遏制她的性欲。不过,他的敏锐只限于施虐游戏的需要,其实他根本不关心这样的经历对女孩的生活意味着什么。在克尔恺郭尔小说里,那些有意识地精明算计实际上常常是无意识的。但仍与之前讨论的游戏一样,都是关于吸引与排斥、诱人与失望、抬高与贬低,既带来欢愉也带来忧伤的游戏。

第三类施虐者的特点是利用他的伙伴。利用他人并不一定是施虐狂所追求的,可能只是在想捞点好处时才会使用。说起施虐狂对他人的利用,捞点好处也许是一个考虑,但好处常常是虚幻的,与施虐者渴望达到的影响完全不成比例。对施虐者来说,利用他人变成了一种对利用行为本身的偏爱,重要的是体验了占人便宜的那种胜利感。其中尤具虐待色彩的是为利用他人而采取的那些手段。施虐者的伙伴直接或间接地承受着不断加码的要求,只要不能满足这些要求,他就会心生愧疚,觉得丢脸。施虐者则总能找出冠冕堂皇的理由表示不满,或认为自己遭到了不公对待,从而也就有了继续提要求的借口。易卜生的《海达·高布乐》形象地说明,即便满足这些要求也永远不会唤起对方的感激之情,而且这些要求本身还常常被人们伤害并控制他人的欲望激发出来。由此,被奴役者也许不得不应对许多具体事务,比如性要求或帮忙立业谋生;也许被要求格外地体贴,全心全意地奉献,无止境地忍受。这些要求里没有任何内容是施虐狂专有的,能够表明其施虐性质的其实是施虐者对受虐者的期望。他觉得,后者应该采取一切手段来填满他生活中的情感空虚。在这一点上,海达·高布乐就是个绝佳的例子。她不停地抱怨日子无聊,渴望刺激与兴奋。施虐者像吸血鬼一样,需要以吸噬另一个人的情感活力为生,而他对自己这一一贯行为完全无意识。但很可能正是基于这个，施虐狂才产生了利用他人的渴望，而且这也为那些要求的存在提供了土壤。

一旦我们认识到，在利用他人的同时还存在一种挫败他人的倾向，那么利用他人的性质就会更加清晰。若说施虐者从来不想付出显然是错的，在某些条件下，他甚至会非常慷慨。施虐狂的典型特征并不是保守意义上的小气吝啬，而是一种尽管无意识却比前者主动许多的冲动，即挫败他人，扼杀他人的快乐，让他人的期望落空。被奴役者任何满意或轻松的表示几乎都会激怒施虐者，然后被他以某种方式破坏。如果被奴役者盼望见到他，他就会摆出一副不高兴的样子；如果被奴役者想性交，他就会表现出性冷淡或者干脆性无能。任何积极正面的事，他要么不去做，要么做不好。他浑身散发着忧郁的气息，举止像镇静剂般令人压抑。一如阿道司·赫胥黎①所说："他不必做任何事，对他来说只要存在就足够了。单凭他的感染力，周围的人就会枯萎憔悴，心情灰暗。"接着他又说："多么高雅精致的权力意志啊！多么优美的残酷！多么惊人的天赋！那易

---

① 阿道司·赫胥黎：《时间必须停止》，Chatto and Windus（伦敦）版，1944年。——原注

传染的忧郁甚至能消磨最昂扬的精神，扼杀一切快乐的可能。"

与上述特点同样重要的，还有施虐者那种贬低和羞辱他人的倾向。他极其热衷于找别人的短处，渴望发现别人的弱点并指出来。他能凭直觉知道别人哪里敏感易受伤害，然后往往残忍地用直觉去贬损别人。这种行径可能会被他说成是诚实坦率或者乐于助人，他可能会以为自己是在由衷地为怀疑别人的能力或诚信而烦恼——可是一旦他的怀疑的真实性遭到质疑，他就会变得惊慌失措。它也可能仅仅表现为多疑。患者会说："我要是能信任那个人就好了！"然而在他的梦里，那人变成了他厌恶的蟑螂老鼠这类东西，他又怎么能信任那人呢！换言之，这种多疑可能只是他内心里贬低他人的结果。如果施虐者没有觉察到自己轻视他人的态度，也许只能意识到不信任这个结果。这种心态似乎更适合称为一种爱好吹毛求疵的热情，而不单单是一种倾向。他不但专注于别人实际发生的过失，还极其擅长外化自己的错误，并因此去指责别人。例如，如果他的所作所为让别人难过，他会立即表现出对那人情绪不稳的担心甚至轻蔑；如果受他胁迫的人对他不够坦率，他就会责备人家遮遮掩掩、不说实话。他会责怪那人依赖他，其实正是他自己竭尽所能让人家如此。这种无形的伤害不只是说说而已，还伴有各种嘲弄的行为。带有侮辱性的性行为就是其中之一。

如果这些举动都被挫败，或者情况出现反转，施虐者就会觉得自己遭到了控制、利用或嘲弄，进而会怒不可遏。在他的想象里，无论怎么折磨那个冒犯者都嫌不够：他恨不得又踢又打，将其大卸八块。反过来，这种施虐性的愤怒也可能被压抑，转化成一种严重的恐慌，或者某种功能性躯体失调，两者都表明患者内心的紧张程度在不断加深。

那么，这些倾向的意义何在？是何种内在需要驱使一个人做出如此残忍之举？假设施虐倾向是一种反常的性冲动，这是缺乏依据的。这些倾向的确会表现在性行为中，这是符合如下规律的：我们所有的性格态度一定会在性这个问题上表现出来，正如它渗透在我们的工作方式、步态和书写中一样。还有，许多施虐性的追求也的确带有某种兴奋或者（像我一再指出的）惊人的激情。然而，就此得出结论说，这些激动或兴奋的反应具有性冲动的性质，即便它们并未被感知。而这个结论唯一的依据，就是假设每种兴奋反应都是性冲动。但是，目前没有任何证据来支撑这个假设。从现象学角度来说，施虐性的兴奋与性放纵具有完全不同的性质。

施虐冲动是儿童时期虐待倾向的延续，这一论断有一定的吸引力。因为儿童经常会残忍地对待动物或更小的孩子，而且显然从中感到了兴奋。考虑到这种表面的相似性,有人可能会说,成人的施虐行为不过是儿童残忍行为的精炼提高。但实际上并不是,成人身上的是一种完全不同的倾向。正如我们已经看到的,儿童的残忍行为直截了当,缺少成人施虐行为的那些鲜明特点。孩子的残忍看起来像是在感到压抑或受辱时做出的相当简单的反应,他通过报复更弱的对象来肯定自己。而施虐倾向比这个复杂,并且有着更为复杂的根源。此外,就像所有将后天怪癖与早期经历直接联系起来,以此解释前者的尝试一样,这个解释也遗下一个至关重要的问题没有解答:是什么导致了施虐狂对残忍的锲而不舍和苦心经营?

上述每种假说都只抓住了施虐狂的某一方面——一个是性行为,另一个是残忍手段——甚至连这两者各自的特点也没解释清楚。埃里希·弗罗姆[①]的阐释也有着同样的问题,尽管他比别人更接近问题的本质。弗罗姆指出,施虐者并不想毁掉自己依附的那个人,可是因为他无法靠自己生活,必须把他的奴役对象当成一个与他共生的存在。这么讲当然有道理,但它仍就不足以解释一个人为何会强行干预别人的生活,或者这种干预为何要采取那些特别的方式。

---

① 埃里希·弗罗姆:《逃避自由》,柯根保尔出版社,伦敦,1941年。——原注

如果我们将施虐狂视为一种神经症的症状，那么我们探究的起点照例不是去尝试解释这种症状，而是去理解造成这种症状的人格结构。当我们从这一角度去思考问题时就会发现，每一个有着如此明显的施虐倾向的人，都深感自己的生命毫无价值。早在我们通过临床观察将这种症状发掘出来之前，诗人们就凭直觉感受到了这种潜在的状态。在海达·高布乐和"勾引家"这两个例子里，让他们有所作为，使生活变得有意义的任何可能性几乎都不存在。如果一个人在这种情况下找不到退路，必然会变得怨恨一切。他觉得自己永远被别人排除在外，永远一败涂地。

于是，他开始憎恨生活，憎恨其中所有积极正面的东西。不过他在憎恨的同时还燃烧着熊熊妒火，就是一个人的炽热欲望无法得到满足时所强忍的那种。这是一个失意者的愤恨与身不由己的嫉妒，他觉得生活正从自己身边溜走。这种心态，尼采称为"生活在嫉恨之中"（Lebensneid）。这种人感觉不到别人也有别人的痛苦：在他看来，在他忍饥挨饿时，"他们"却在大快朵颐；而且"他们"恋爱、创造、享受，拥有健康、自在以及归属感。别人的幸福以及他们对愉快和喜悦的"天真"期待让他大为恼火。若是他不能幸福自在，凭什么他们就能？用陀思妥耶夫斯基笔下那个白痴的话说就是：他不能原谅他们的幸福。他一定要把这些人的欢乐踩在脚下。这种心态在一位老师的身上很明显。罹患肺结核的他,不仅往学生的三明治里吐口水,还为自己能欺压学生而得意洋洋。这是一种出于报复性嫉妒的有意识的行为。在施虐者身上,想要挫败并摧毁他人精神的倾向往往是深度无意识的,但是其目的与那位老师的行为同样邪恶,即把他的痛苦转嫁给别人,如果别人像他一样被击败打垮了,他自己的不幸就得到了缓解,因为他不再觉得自己是唯一受折磨的人了。

另一种可以缓解噬咬他的妒火的方式,就是"酸葡萄"策略。他把这一招用得炉火纯青,就连训练有素的观察者都会被轻易蒙骗。事实上,他的嫉妒藏得如此之深,任何暗示它存在的说法都会遭到他的嘲讽。他之所以专注生活中痛苦、沉重或者丑陋的一面,不但说明他很痛苦,更表明他有心向自己证明他不会错过任何东西。他不停地吹毛求疵并贬低别人的做法,某种程度上也源于这种心态。比如,他很容易注意到一个美女身上不那么完美的部分;进入一个房间后,他的目光会立刻锁定与整体陈设不协调的某个颜色或某件家具;他还乐于找出一个精彩演讲中的小瑕疵。同样,别人的生活、个性或潜在动机里的任何错误都会在他心中被可怕地放大。如果他老练世故,就会将此归因于他对不完美的敏感。但其实他的探照灯只对准这类不完美，其余一切都视而不见。

虽然他成功地缓解了自己的嫉妒，卸下了自己的怨恨，但他那贬低一切的态度又反过来滋生出一种持久的失望与不满。比如，如果他有孩子，他首先想到的是由此产生的负担和义务；如果没有孩子，他又会觉得自己错过了最重要的人生体验。如果没有性生活，他会觉得自己被剥夺了什么，并且担心禁欲的危害；如果有性生活，他又会觉得是种羞辱，感到自惭形秽。如果有机会去旅行，他会为种种不便而气恼；如果不能外出游玩，他又会为不得不待在家里感到丢脸。因为从未想过这种长期不满的源头可能就在他自身，他觉得自己有权让别人牢记他们是如何辜负了他，有权提出别人永远满足不了他的更高要求。

痛苦的嫉妒、贬低一切的倾向以及不满情绪的产生，在一定程度上解释了某些施虐倾向。我们明白了施虐者为什么会不由自主去挫伤别人、制造痛苦、处处找茬、提出种种无法满足的要求，但是在考虑他的绝望对他本人的影响之前，我们既不能判断他的破坏性的程度，也不能确定他傲慢自大的程度。

在他违反人类尊严最基本要求的同时，其内心却藏着一个道德标准极高极严的理想化形象。我们之前谈到过，有些人因为不能达到这些标准而绝望，于是有意或无意地决心要尽可能

"使坏",他就是这样的。他可能"坏"得很成功,还带着一种绝望的喜悦沉湎于其中。可是,他这么做加深了理想化形象与真实自我之间的分歧,使之愈发难以弥合。他也觉得自己已然无可救药,也不可原谅了。他变得更加绝望,还萌生了一种轻率的看法,觉得自己一无所有,所以也就没什么可以失去了。只要这种状态还在持续,他就绝不可能对自己采取一种建设性的态度。任何想使他变得积极的直接努力都注定是徒劳,还会暴露出治疗者对他这种状态的无知。

他的自我厌恶达到了如此程度,以至于他根本无法正视自己。他必须反复强化他已有的自以为是,让它像盔甲一样去抵挡自我厌恶。最微不足道的批评、忽视,或者没能给予特别注意,都会激起他的自卑感,所以他必须将这些当作对他的不公而拒绝接受。因此,他只得外化他的自卑感,去责备、痛斥、羞辱别人。而这却将他带进了恶性循环的痛苦之中,他越瞧不起别人,就越意识不到他的自卑,这种自卑也就越是肆意疯长,并且越长越无情,而他就会变得越来越绝望。因此,他攻击别人其实是为了保护自己。这个过程已在前文的例子中有所阐述:当那位责怪丈夫遇事犹豫不决的患者明白,她其实是在对自己的犹豫恼火时,恨不得立马把自己撕成碎片。

由此,我们开始明白,为何对施虐者而言蔑视他人是势在必行的。我们也终于理解了他执迷于改造别人（或至少改造他的奴役对象）的强迫性驱力的内在逻辑。因为他本人不能成为理想化形象那样的人，所以他的奴役对象就必须做到，否则，他就会把本该发到自己身上的无名火发到对方身上去。有时他也会问自己："我干吗不放过他呢？"可是很显然，只要他的内心斗争还在持续，还在外化，这种理性思考就不过是想想而已。通常，他会把自己加诸于对方的压力称作是"爱"，或者是对其"成长"的关心。当然，我们心知肚明这根本不是爱，也不是要关心他的奴役对象按其自身愿望会如何发展，而是想让后者依照他内心的律令，沿着他设计的路线发展。说白了，他是企图将不可能完成的任务强加给他的奴役对象，让后者认可他（也就是施虐者）的理想化形象。为了抵御自卑感而滋长的自以为是，使得他在这么做的同时自鸣得意，自信无比。

理解了这种内心斗争，我们就能更深刻地洞察施虐症状所固有的另一个更普遍的因素——报复心了。它常常如毒药一般渗入施虐者人格的每个细胞。患者报复心重，而且必定如此，因为他将强烈的自我鄙视转向了他人。由于他的自以为是阻止他看出所有麻烦中都有他自己的因素，因而他必然觉得自己才是被虐待被伤害的那一个。由于他不明白所有绝望的根源都在他自身，所以他必然会把责任归咎于他人。在他看来，那些人已经毁了他的生活，所以必须做出补偿——也就是说，他们必须逆来顺受。正是这种报复心，以其他因素无法企及的本领扼杀了他内心所有的同情与怜悯。而他，干吗要同情那些毁掉自己生活的人呢？更何况他们还比他过得好！在针对某一个体时，这种报复欲也许是有意识的。例如，他可能觉察到了自己想报复父母，但他并不清楚这是一种渗透他整个人格的病态倾向。

施虐者，正如我们迄今所见，是这样一种人：因为感觉自己被人排斥并注定会以牙还牙，所以就盲目地展开报复，把怒火发泄到别人身上。现在我们明白了，他是在通过让别人受苦来减轻自己的不幸，但这还不是全部的解释。单单是破坏性，还不能解释诸多施虐喜好所具有的让人欲罢不能的激情，其中一定还有某种更值得肯定的收获，并且对施虐者来说是至关重要的。这个表述似乎与之前的假设——施虐狂是绝望的产物——相矛盾。一个绝望的人怎么还会有所企盼、有所追求，而且还有如此充沛的精力呢？可事实上从患者主观立场来看，他的确有相当大的收获。通过贬低他人，他不但缓解了自己那难以忍受的自卑，同时还赋予自己一种优越感。在改造别人的生活时，他不但获得了一种备受振奋的大权在握感，还为自己的生活找到了一种替代方式。在利用别人的感情时，他间接体验到了一种感情生活，并减轻了他的空虚寂寞感。在打败别人时，那种胜利的喜悦可以冲淡他自己无望的挫败感。对于报复性胜利的孜孜以求，很可能是他内心最强劲的动力。

他的全部追求皆为满足他对刺激和兴奋的渴求，但一个内心健康平衡的人不需要这样的刺激，而且人越成熟，就越不在乎这些。然而施虐者的感情生活一片空白，除了愤怒和成功的喜悦，几乎所有的感情都被遏止了。他是如此死气沉沉，要靠这些尖锐的刺激才能体会活着的感觉。

最后（但也很重要的是），对别人施虐让他感到自己强大有力，并以此为荣，这在无意识中愈发让他觉得自己是万能的。在精神分析过程中，患者对自己施虐倾向的态度经历着一系列深刻的变化。他最初意识到这些倾向时，很可能对其采取了批判的态度。但是他那含蓄的拒斥并非全心全意，更确切地说，不过是口头上敷衍一下承认当前的标准。他的自我厌憎会间歇性发作，但是在此之后，就在他即将放弃自己的施虐性生活方式的当口，他也许会突然觉得自己将要失去特别珍贵的东西，这时他会首次有意识地体验到能对他人为所欲为的兴奋。他也许会流露出担心，唯恐精神分析把他变成了一个可鄙的弱者。就像分析中常见的那样，患者的担心又一次在主观上得到了证实：由于丧失了让别人服务于他的情感需要的权力，他把自己看作一个可怜又无助的人。但他迟早会意识到，施虐行为带给他的力量和骄傲不过是可怜的替代品。他之所以觉得它们珍贵，不过是因为真正的力量和骄傲于他是可望不可即的。

了解了这些收获的性质后，我们就会明白那个说法——绝望的人会疯狂地找寻某种东西——并非自相矛盾。但他找的并不是更大的自由或更大的自我价值实现，导致他绝望的所有因素依然没变，他也不指望去改变，他所追求的不过是替代品。

他在情感上的收获是通过替代品间接体验到的。做虐待狂就意味着在生活中喜好攻击他人，并且在极大程度上靠破坏他人的生活而活。而这就是一个彻头彻尾的失败者能活下去的唯一方式。他追求目标时的那种不计后果，正是源于他的绝望。由于他已经没什么可以失去了，所以他肯定会有所得。在这个意义上，施虐狂的奋斗有它积极的目标，应当视之为旨在获得补偿的努力。施虐者之所以会激情昂扬地追求这个目标，是因为他能通过击败别人消除他那可怜的挫败感。

然而，这些努力中固有的破坏性成分如果不反作用于施虐者本人，是不可能继续存在的。我们已经指明了自卑感不断加重的过程，另一种同样重要的反作用是让患者产生焦虑，某种程度上这是对报复的恐惧，他害怕别人会以其道还治其身。在他的意识当中，他只是想当然地认为，只要有可能——也就是说，如果他不一直保持攻势，别人就会"苛待他"。他必须时刻警惕，预见所有可能的进攻并先发制人，不论自己的实际目的如何，都是不容侵犯的。他在无意识中对这种不容侵犯的确信无疑，常常起着相当大的作用，比如给予他一种不可一世的安全感：他永远不会受伤害，永远不会暴露弱点，永远不会出事或染病，甚至永远不会死。如果他竟然受到了他人或环境的伤害，他的伪安全感就会土崩瓦解，很可能会陷入极度恐慌，无法自拔。

从某种程度上讲，他的焦虑是对自己内心那些爆炸性和破坏性因素的恐惧，他觉得自己就像是被一颗大威力炸弹贴身跟着。为严加控制这些危险因素，必须保持极度的自我控制与警觉。如果他没有牢记酒精会让人放松警惕而滴酒不沾，这些因素会在他喝了酒之后暴露无遗。随后，他可能变得极具破坏性。在特定条件（对他来说是诱惑）下，这种冲动可能会更容易被他意识到。因此，当左拉的《衣冠禽兽》里那个施虐狂被一个女孩吸引时，他变得非常恐慌，因为他内心涌起了一种杀死她的冲动。目睹意外事故或任何残酷行为都可能导致患者内心弥漫着恐惧，因为这唤醒了他自己的破坏冲动。

自卑和焦虑，是压抑施虐性冲动的两个主要因素。压抑的深度和广度则各有不同。通常，破坏性冲动只是被压抑到患者无法察觉的程度。总的来说，让人诧异的是，施虐者竟然对他实施的那么多虐待行为毫无所知，他只是偶尔清晰地察觉到自己有种想要虐待弱者的渴望，并且一读到有关虐待行为的描写或者一些明显的施虐狂幻想就莫名兴奋。可是，这些偶发现象依然是孤立的。他平时对别人的虐待绝大部分都是在无意识状态下实施的，而他对己对人的麻木，正是造成这种情况的一个因素。除非消除麻木，否则他根本不能真切地体会到自己的所作所为。此外，施虐者为隐瞒施虐倾向而给出的那些理由往往相当狡猾，不但足以骗过他自己，就连其他相关人等都会信以为真。我们一定不要忘记，施虐狂是严重神经症的最后一个阶段。因此，患者会给出何种理由，取决于导致施虐倾向的具体神经症结构。例如，屈从型患者会在无意识的爱的伪装下奴役别人，他的种种要求都会被归因于他的需要。他觉得，因为他如此无助、如此忧惧或者病得如此严重，所以对方就应该为他效劳；因为他不能独处，所以他的奴役对象就应当永远陪伴左右。他不会直接批评谁，而会不经意中透露别人让他吃了多少苦头。

攻击型患者的施虐倾向表现得相当直白，但这并不意味着他能意识到。他会毫不犹豫地表达自己的不满、不屑和要求，却并非因为理直气壮，只不过是他一贯坦白。他也会把自己对别人的无视和利用外化出来，并以斩钉截铁的语气说出他们是如何虐待了他，然后以此来胁迫他们。

孤僻型患者的施虐倾向表现得异常低调谨慎。他会悄无声息地挫败别人，摆出随时准备抽身而退的姿态让别人感到他是不可靠的，造成一种印象即他们束缚或打扰了他，并让他们自己闹出笑话，而他则从中获得不可告人的快感。

但是，施虐性冲动会被压抑得更深，从而引发所谓的受虐狂。其表现就是：患者实在太害怕自己这种冲动，竟然矫枉过正，竭力掩盖，以防自己或他人察觉真相。他会避开一切貌似断言、攻击或敌意的想法，结果陷入了无尽的压抑之中。

简要地概括便可说明这个过程所蕴含的意义。奴役别人的行为一旦矫枉过正，就不能再发号施令，更谈不上承担责任或居于领导地位了。它使得患者在施加影响或提出建议时过分谨慎，还让患者压抑自己再正常不过的嫉妒心。仔细观察便不难发现，当事情没有按患者的想法进行时，他就会出现头疼、胃部不适或其他症状。

在利用他人方面矫枉过正，其结果就是自我埋没，表现为：不敢表达任何愿望，甚至不敢心怀一个愿望；不敢反抗虐待，甚至不敢觉得自己被虐待了；还表现为：将别人的期待和要求看得比自己的更合情理，更重要，更愿意被人利用而不是主张自己的利益。这样的人会陷于困境，左右为难。他被自己利用他人的冲动吓坏了，却又鄙视自己的优柔寡断，认为那是懦弱。当他被人利用时——这肯定会发生——他便陷入了一种无法解决的困境，出现抑郁或某种功能障碍。

同理，他不但不会去挫败别人，还为不让他们失望而过分焦虑，急于表现出自己的体贴和慷慨。他会竭尽全力地避免任何可能伤害他们感情或者羞辱他们的举动。他会本能地找"好听"的话说，比如一些能提升对方自信的激赏性言辞。遇事他会主动地自我批评，再三道歉；如果不得不批评别人，他会采取最温和的方式。甚而当别人残酷虐待他时，他也只会表示"理解"，别无他想。但与此同时，他又对羞辱极度敏感，在被羞辱时痛不欲生。

情感上的施虐冲动被极度压抑时，可能会滋生出另一种感觉，即觉得自己对任何人都没有吸引力。因此，患者可能常常会无视相反例证而笃信，他对异性没有吸引力，只能捡别人挑剩下的。此处谈到的这种低人一等的感觉，就是患者意识到的自卑感，只不过换了种说法而已。但还有一种可能，患者认为自己没有吸引力，可能是在无意识中畏怯那种诱惑，想要逃避那激动人心的征服和拒斥的游戏。在精神分析过程中，有一点会日渐清晰，那就是患者已经无意识地篡改了恋爱关系的整个图景。随后，一个奇特的变化发生了：那个"丑小鸭"开始意识到自己吸引别人的能力和欲望，可是一旦这些欲望催促他行动，他立刻就会用愤慨和鄙视来抵抗。

由此形成的人格结构必然是虚假且难于判断的，与屈从型人格有着惊人地相似。实际上，外显的施虐狂通常属于攻击型人格，受虐狂一般来说则由占主导的屈从倾向发展而来。之所以如此，可能是因为他在童年时曾遭受暴行并被迫屈服。他的感觉也许从此扭曲了，不是去反抗那些压迫者，而是转而去爱他们。当他渐渐长大——也许在青春期前后——内心冲突变得难以容忍，他便通过远离人群来寻求慰藉。可是当他遭遇失败，不能再独自躲进自己的象牙塔里，于是他似乎又恢复了先前的依赖，只不过唯一的不同是：他对温情的渴望变得孤注一掷，乃至愿意付出任何代价不让自己孤零零的一个人。同时，由于他对疏离别人的需要依然存在，且一直妨碍他与人亲近，他获得温情的机会就更少了。他被这种斗争折磨得精疲力竭，陷入绝望，并产生了施虐倾向。但是他对人的需要又是如此迫切，使得他不但压抑了施虐倾向，还矫枉过正地掩盖了它们。

对他来说，与别人相处其实是个负担，尽管他可能并未意识到。他总是显得腼腆、不自然，只能扮演一个与施虐者截然相反的角色。唯一自然的一点，是他认为自己真的喜欢别人。

在精神分析中，当他醒悟过来意识到自己其实对别人根本没什么感情，或者至少很不清楚自己有何种感情时，他会大为震惊。这时候，他容易把这种明显的缺失当作不可更改的事实，但实际上，他不过是处于这样一个过程当中：放弃了正面情感的伪装，无意识中觉得宁愿什么感觉都没有，也不愿意面对自己的施虐冲动。只有当他认识到这些冲动并开始克服它们时，才能培养起对别人的积极正面的情感来。

然而，对训练有素的观察者来说，总有些因素标示着施虐倾向的存在。首先，始终有一些隐蔽的方式能反映出他在威胁、利用和挫败别人。他对别人通常怀有尽管无意识却可以察觉到的蔑视，表面上是针对那些人较低的道德标准。此外，还有诸多不协调的行为可以证明一个人是施虐狂。例如，他有时候能够以无限的耐心忍受别人对他的虐待，可是在其他时候又表现出对最轻微的支配、利用和羞辱的高度敏感。最后，他给人一种"受虐狂"的印象——换句话说，他沉湎于受迫害的感觉。可是，由于"受虐狂"这个词及其深层含义会误导人，所以最好另辟蹊径去描述其中的要素。因为无时无刻不在压抑自己的主张，受虐狂在任何情况下都容易被虐待。但是，又因为他对自己的懦弱很恼怒，他其实常常被已知的施虐者吸引，然后立刻会对他们爱恨交加——就像后者觉察到他是心甘情愿的受害者，也被他吸引一样。这样一来，他就把自己推上了被人利用、挫败和羞辱之路。然而他并没有乐在其中，反而深受其苦。受虐，给了他不必直面自己，并且能假别人之身来实践自己施虐冲动的机会。如此一来，他既能够体会无辜感和道德上的义愤，同时盼着总有一天他会超过那个施虐者，彻底战胜他。

弗洛伊德也注意到了我描述的这些情形，但他那毫无根据的概括使他的发现大打折扣。为了使之符合他的整体哲学框架，他用这些发现来证明，无论一个人表面上多么善良，本质上都是爱破坏的。其实呢，这种状态只是某种神经症的特定结果。

从最初认为施虐狂是性欲倒错者，或是用详尽的术语指出这类人是卑劣邪恶的，如今我们对施虐狂的认识已经取得了很大的进步。真正的性欲倒错者相当罕见，而他们的所作所为不过是对他人的基本态度的一种表达。破坏倾向自然不可否认，但是当我们理解了这些行为就会明白，躲在表面的残忍行为背后的是一个痛苦不堪的人。由此，我们就找到了通过治疗影响这个人的可能性，我们会发现他是一个绝望的个体，正在设法从打败他的生活中寻求补偿。

结论 神经症冲突的解决

我们越认识到神经症冲突会给人格造成无尽的伤害,就越应该尽早真正地解决这些冲突。但是,正如我们所知,靠理性的决定,靠逃避,靠个人意志,都不能解决这些冲突。那么到底该怎么办呢?办法就一个:只有改变人格中导致冲突的那些条件,冲突才能够真正化解。

这是个激进的办法,而且困难重重。考虑到在改变我们内心的任何东西时都有千难万险,便能理解我们应该挖地三尺找条捷径。也许,这就是为什么患者(其他人也一样)会频繁问起:是否只要看到自己的基本冲突就足够了?答案很明确——否。

即便医生很早就在分析过程中看出了患者的分裂,也能够帮助其认清这种分裂,这种洞见还是不能立见成效。它也许能在某种程度上让患者松口气，因为他找到了自己苦恼的确切原因，而不是像从前那样困在迷雾中，不见出路。但是，他还不能将这样的洞见运用于自己的生活，因为仅仅洞察自己内心分裂的各部分是如何运作并互相干扰的，丝毫不能减轻其分裂程度。他听医生说这些真相的时候，就像在听天书，话貌似有理，可他就是不明白这与自己有何干系。他种种无意识的内心疑惑，必会使这种洞见失去效力。他会在无意识中坚持认为：医生在说到他的冲突时言过其实了，若不是外部环境的影响，他现在已然万事大吉了；爱情或事业成功会消除他的抑郁；只要远离他人，他的身上就不会出现冲突；虽然普通人不能脚踏两只船，但以他那超群的意志力和聪明劲儿却能做到。或者，他会觉得（还是无意识地）医生不是江湖骗子，就是好心的傻瓜，故意装出一副专业上的自信乐观，而他本该明白患者已经无可救药。这意味着对于医生的建议，患者的反应是绝望的。

这种内心疑惑表明了一个事实：患者要么紧紧抓住种种解决冲突的尝试不放——这些尝试对他来说比冲突本身更真实；要么对恢复正常彻底不抱希望。因此，医生必须先处理所有这些尝试及其后果，才能卓有成效地对付基本冲突。

寻找捷径还引出了另一个问题，弗洛伊德对发生学的强调增加了这个问题的分量：在认识到这些彼此冲突的冲动之后，是不是将它们与其源头以及童年时的表现联系起来就足够了？答案仍然是——否。而且，原因也与之前的几乎一样。即便是对早年经历最详尽的回忆，也远不及患者对自己那种更宽容、更仁慈的态度对他造成的影响大。这种态度绝不会使他当前的冲突有丝毫减轻。

全面了解早期环境的影响及其对儿童人格的改变，虽然对治疗没有多少直接的价值，但在我们探究神经症冲突发展的条件时却有着某种影响。① 毕竟，是患者与自身及他人关系的变化最先引发了冲突。在早前出版的著作② 和本书前几章中，我都描述过其发展过程。简言之，一个孩子可能发现自己所处的环境威胁到了他的内心自由，影响了他的自发意识、安全感、自信心——总之，就是他的精神内核的存在受到了威胁。他觉得既孤独又无助，因而在首次尝试与别人建立关系时并不是出于真实的情感，而是出于战略上的需要。他不能简单地喜欢或不喜欢、信任或不信任、表达自己愿望或反对别人的主张；而是不自觉地设计与他人的相处之道，巧妙周旋，将对方对他的

---

① 众所周知，这种了解也具有巨大的预防意义。如果我们知道怎样的环境因素会有助于儿童的发展，怎样的因素又会阻碍它，就等于找到了一种方法，可以预防其后代中大量产生神经症病例。——原注
② 参见卡伦·霍尼的《精神分析的新方法》第8章以及《自我分析》第2章。——原注

伤害降至最低。这种相处方式的根本特点也许可以概括为：与自我及他人的疏远，一种无助感，一种无处不在的忧虑，还有人际关系中的敌对性紧张——从普遍地提防到具体地仇恨。

只要这些条件存在，神经症患者就不可能消除任何冲突的倾向。相反，在神经症发展过程中，导致冲突的内在需要甚至会变得更加迫切。事实上，虚假的解决办法加剧了他与人与己的关系的失调，这也意味着真正的解决变得越来越遥不可及。

因此，治疗只能以改变这些条件本身为目的。医生必须帮助神经症患者找回自己，去认清自己真正的情感和需要，逐步形成自己的价值观，在自己的情感和信念的基础上发展与他人的关系。如果我们能用什么魔法达成目的，甚至连碰都不用碰，冲突就能无影无踪，那该有多好！可是，既然没有这种魔法，我们就必须了解采取哪些步骤可以促成这种梦寐以求的改变。

既然每种神经症——不管其症状多么戏剧化，看上去多么非个人化——都是一种人格紊乱，治疗的任务就是分析整个神经症的人格结构。那么，我们将这种结构及其个体差异界定得越清楚，就能把需要做的分析工作描述得越精确。如果我们把神经症想象成围绕基本冲突建起的防御工事，就可以将分析工作大致分为两部分。一部分是详细考察患者为解决冲突所作的无意识的努力及其对患者整个人格的影响。这包括研究他占主导的态度的全部意涵、他的理想化形象以及他的外化行为等,而不考虑它们与潜在冲突的具体关系。有人认为,在冲突没有显现出来之前我们是无法理解这些因素的,其实这是一种误解。因为尽管这些因素应调和冲突的需要而生,却自有其使命和影响,能动用自己的权力。

另一部分则涵盖了分析冲突本身的所有工作。这意味着医生不但要使患者知晓冲突的概况,还要帮助他们看清冲突具体是如何运作的——也就是说,那些互相矛盾的驱力和态度是如何彼此干扰的。例如,看清自我贬低的需要是如何被受虐倾向强化的,并妨碍他赢得一场比赛或者在竞争中胜出,而与此同时,他想要胜过别人的渴望又使胜利成为非实现不可的目标。再比如,弄明白出自不同根源的禁欲主义是如何阻碍患者对于同情、温情和自我放纵的需要的。我们还必须让他明白,他是如何游走于两个极端之间的:例如,他如何在严于律己和过分自我放纵之间摇摆;或者,他那些外化的要求如何被诸如施虐冲动之类的东西强化,去冲击他对于全知全能、至慈至宥的需要,而结果他又是如何在谴责别人和宽恕别人之间游移不定,或者如何在独揽所有权利和自觉毫无权利之间突然调转方向。

此外，这部分的分析工作还包括向患者解释，他所有调和与妥协的努力都不可能如愿。例如，他试图将自私与慷慨、征服与温情、主宰与牺牲两两结合；还有，帮助患者准确地理解他的理想化形象及外化行为等是如何掩盖他的冲突并降低其破坏力的。总之，这种分析有助于患者彻底认识自己的冲突，理解它们对他的人格的普遍影响以及对他的症状具体应负的责任。

总的来说，患者在分析工作的各个环节都会表现出不同的反抗方式。当医生分析他解决冲突的尝试时，他却一心想保护自己的倾向和态度里固有的主观价值，并抗拒一切探寻其真正性质之举。当医生分析他的冲突时，他最感兴趣的是证明那些冲突根本就不是冲突，以此来遮掩一个事实，即他那些冲动其实是相互矛盾的。

至于解决问题应当遵循的顺序，弗洛伊德的建议也许一直具有最重要的意义。他把医疗原则应用于分析时，强调在处理患者的问题时有两点至关重要：医生的解释应当有益，这种解释不应有害。换言之，医生头脑中必须有这样两个问题：患者此时知道自己内心的真相能承受得了吗？医生的解释会对他有意义并让他进行建设性的思考吗？我们现在仍然欠缺的，就是以切实可行的标准精确地判定患者到底能承受什么，以及什么样的东西有益于激发患者进行建设性的内省。不同患者的人格结构差异实在太大,以至于医生在决定解释的时机时无法遵循任何教条,但是我们可以采取这样一条指导原则:只有当患者的态度发生了某些具体变化时,才可以有效且无需冒额外风险地解决他的问题。在此基础上,我们可以提供几种始终适用的方法:

只要患者在一心追逐对他来说意味着拯救的幻影,让他面对任何主要冲突都将毫无用处。他首先得明白,这些追求皆是徒劳,而且还干扰了他的生活。用高度概括的术语来说,对解决冲突的尝试的分析应当优先于对冲突的分析。我并不是说要绝对避免提及冲突。分析过程中需要多么小心翼翼,取决于神经症结构的脆弱程度。对于有些患者,一旦过早指出他的冲突,可能会令其陷入恐慌。而对于另一些患者,这种分析结果毫无意义,他听过即忘,不留一丝印象。但是从逻辑上讲,只要患者紧紧抓住他那些解决方法不放,还无意识地指望凭它们"蒙混过关",医生就不能要求患者对自己的冲突有什么真正的兴趣。

另一个应当谨慎提起的问题,就是理想化形象。限于篇幅,我们不在这里讨论什么条件下可以在治疗早期着手处理理想化形象的某些方面。然而,小心还是明智的,因为理想化形象往往是患者唯一觉得真实的部分。更重要的是，它可能是给予他自信并使他不至于被自卑所吞没的唯一力量。患者必须得到一定程度的现实力量，才能忍受对他理想化形象的破坏。

在分析工作的初期就涉及施虐狂倾向，实在没什么益处。原因之一在于，这些倾向与理想化形象之间反差极大。即便在治疗后期才意识到它们，也常常会让患者心里充满恐惧与厌恶。另一个原因则更为明确，它使我们不得不把这方面的分析推迟到患者不那么绝望且更善于应变之后。那就是：当他还在无意识中确信替代性生活是他唯一能做的事情时，他根本不可能有兴趣去战胜自己的施虐倾向。

在根据患者具体的性格结构做出不同的解释时，也可运用同样的时机原则。例如，对于一个攻击型倾向占主导的患者（他鄙视情感，视之为弱点；追捧一切显示出力量的东西），医生首先必须要彻底分析这种态度及其全部意涵。而优先考虑患者对亲近他人的需要则是错误的，不管在医生看来这种需要有多明显。因为患者会反感这种举动，视之为对自己安全的威胁，觉得必须捍卫自己，以防医生把他变成个"乖宝宝"。只有当他更强大之后，他才能容忍他的屈从及过谦倾向。对待这类患者，医生还要等上一段时间才能触及他的绝望问题，否则他很可能会矢口否认有任何这方面的感觉。绝望对他来说，暗喻可憎的自哀自怜，意味着可耻地承认了自己的失败。相反，如果屈从倾向占主导，所有涉及"亲近人"的因素都必须在处理一切支配或报复性倾向之前优先得到彻底讨论。还有，如果患者把自己看成一个了不起的天才或一位极好的情人，那么此时若分析他对遭受鄙视和拒绝的恐惧完全是在浪费时间；如果还想去分析他的自卑，则更是徒劳。

有时候，分析初期能够处理的问题十分有限，尤其是当患者不仅高度外化还固执地自我理想化———一种不承认任何缺点的状态——时。如果医生发现了这种状态的某种迹象，他就不必浪费时间去解释患者所存在的问题的根源。不过，此时去触及理想化形象的某些具体方面却是可行的，比如患者强加给自己的过分要求。

熟悉神经症个性结构的动态变化，也会有助于医生更迅速简明地掌握患者在交际中想要表达的东西，从而知道那一刻该如何应付。医生能够从似乎并不重要的迹象中想象并预见到患者人格的一个方面，进而注意观察那些因素。他的状态类似于内科医生，当内科医生得知患者夜里咳嗽、盗汗，黄昏浑身乏力时，就会考虑肺结核的可能性，并据此进行相应的检查。

例如，如果患者举手投足间总带有歉意，并时刻表示对医生的崇拜，交际中又流露出过谦的倾向，医生就会想到"亲近人"类型所包含的特征。他会检查患者是屈从型人格的可能性，如果发现了进一步的证据，他就会由此入手尝试从每一个可能的角度分析。同样地，如果患者反复提到令他丢脸的经历，并表示担心医生也会这么做，医生就会明白自己要对付的是患者对羞辱的恐惧。至于造成恐惧的根源，他会选择当时最容易接近的来阐释。比如，他也许会将这种恐惧与患者肯定其理想化形象的需要联系在一起，前提是患者已经意识到了这个形象的某些部分。当然，如果患者在分析中表现迟钝，言语悲观，医生就必须在当时条件下尽可能地处理他的绝望。如果这种情况出现在分析过程的一开始，医生就只能说明实情——也就是说，患者已经放弃了自己。然后他可以尝试告诉患者，其绝望并非来自真正的绝境，而是一个可以理解并最终解决的难题。如果绝望出现在分析过程的后期，医生就能更明确地意识到，患者是因为找不到摆脱冲突的办法或者达不到理想化形象的标准才绝望的。

上述治疗建议给医生的直觉留下了充分余地，以便其敏锐地观察患者的内心状况。直觉依然是颇有价值甚至不可或缺的工具，医生应当尽全力去培养。但事实上，运用直觉并不意味着治疗过程仅仅是门"艺术"，或者只要运用常识就足够了。了解神经症的人格结构，可以使基于此做出的推论更科学严谨，并能帮助医生以准确而负责的方式展开分析。

然而，由于人格结构的个体差异千差万别，医生有时只能通过试验和出错前行。我所说的错误，不是指那种不可原谅的大错，比如将患者没有的动机强加给他，或者没有抓住他关键性的神经症内驱力。我所指的是那种很普通的差错，就是在患者还没准备好透彻理解时就向他解释。不可原谅的错误是可以避免的，而过早解释这种差错却一直难以避免。不过，如果我们能高度警觉患者对解释的反应，并据此调整，就可以及时意识到这类差错的发生。我觉得，人们过分强调了患者的"对抗"，强调其对于解释的接受或排斥，而太不注意他们的反应到底是何含义。这是很不幸的，因为这样的反应恰恰在告诉医生，在患者准备好面对他指出的问题之前，他应该先完成那些工作。

让我以下面这个例子来说明情况。一位患者发现自己在与人相处时，无论对方提出什么样的要求他都会表现出极度的愤怒。对他来说，即便是最合理的要求也是强人所难，最中肯的批评也像是侮辱。与此同时，他又觉得自己可以随心所欲地要求别人奉献，并且毫不掩饰地指摘别人。换句话说，他意识到他赋予自己种种特权，却不给他的奴役对象一丝一毫。而且他很清楚，这种态度必将有损于（如果不是毁掉的话）他的友谊乃至婚姻。至此，他在分析过程中一直表现得非常积极而富有成效。但是，一旦他了解了这种态度的后果，在随后的分析过程中就变得沉默寡言，甚至开始出现轻度抑郁和焦虑。在他为数不多的人际交往中也显示得极为畏首畏尾，与他之前想与女性建立良好关系的迫不及待形成鲜明对比。这种退缩的倾向表明，即将发生的亲密无间对他来说有多难以忍受，尽管他能在理论上接受这一想法，但真去这么做他还是排斥的。他的抑郁，是他发现自己身处无解困境时的反应，退缩的倾向则意味着他在探索解决之道。当他认识到退缩无用，除了转变态度别无出路时，他开始思考：为什么亲密无间对他来说这么不可接受？随后的人际交往表明，在情感问题上，他认为要么大权独揽，要么彻底无权，只能二选一。他表露出一种恐惧，害怕自己一旦放弃任何权力，就不能再为所欲为，只能遵从别人的意愿了。这反过来又将他的屈从和自我抹煞倾向暴露无遗，虽然医生对此已经有所涉及，却一直没有看出其程度和意义。基于多种原因，他的屈从性和依赖性非常严重，以至于他只能通过霸占所有不属于他的权力，建起一座人工堡垒。让他在内心仍然迫切需要屈从时放弃这座堡垒，就意味着把他一个人沉入大海。而在他考虑改变自己的武断想法之前，医生必须先完成对其屈从倾向的分析。

本书所讲的每个问题都表明,我们绝不可能只凭一种方法就彻底解决一个问题,而是必须从各个角度反复探究。这是因为任何一种态度都有多个不同的源头,在神经症发展过程中承担着不同的功能。比如,息事宁人的态度和过分的忍辱负重源于神经症对温情的需要,是后者之中最原始且不可或缺的一部分,医生在处理这一需要时必须相应予以解决,而在讨论理想化形象时更应再次对其进行详查。从理想化这一角度看去,息事宁人的态度乃是患者自以为是圣人的一种表现。在讨论患者的疏离倾向时,认为这种态度之中还包含一种避免摩擦的需要,这也是可以理解的。还有,当我们分析患者对他人的恐惧以及他要对自己的施虐冲动矫枉过正时,这种态度的屈从性质就变得更加清晰了。在其他例子中,患者对强制的敏感最初也许会被看成是因孤僻而起的防御性态度,然后又会被视为他自己权力渴望的投射,之后也许会被当作外化、内在压制或其他倾向的表现。

任何通过分析而明确的神经症态度或冲突,都必须置于整个人格结构中来理解。这就是我们所说的"彻底解决"。它包括下列步骤:帮助患者认清其具体倾向或冲突的所有或显或隐的表现,使他认识其强迫性的本质,进而全面理解其主观价值及负面后果。

当患者发现自己具有某种神经症特质时,往往不是去探究它,而是立即质问:"它是怎么形成的?"他希望追根溯源找到解决办法,不管他是否意识到自己正在这么做。而医生必须阻止他逃回过去,并且还要鼓励他先探究这种特质本身;换句话说,患者必须熟悉它"特"在哪里。他必须弄清楚它是如何彰显自己的,又是如何掩饰自己的,还有他本人对这种特质的态度。例如,如果患者已经明了自己对屈从的恐惧,那他就必须了解他对自己不满、恐惧和鄙视的程度;必须认清他为了消除生活中屈从于人的任何可能性及一切相关倾向,曾经无意识实施的全部抑制行为。然后他就能理解,种种看似矛盾的态度是怎样服务于这一个目标的:他让自己感情麻木,对别人的情感、渴望或反应无动于衷,这种麻木又使他丝毫不体谅别人;他既压抑自己对他人的好感,也压抑自己被他人喜爱的渴望;他诋毁别人的柔情与善良,又不自觉地拒绝别人的请求;在人际交往中,他自认为有权喜怒无常、横加指责、予取予求,却拒不承认对方的任何特权。或者,如果分析的焦点是患者的全知全能感,仅仅让他认识到自己有这种感觉是不够的。他还必须明白,他从早到晚都在给自己安排不可能完成的任务。例如,他认为自己应该能以最快速度完成一篇关于某个复杂课题的精彩论文,尽管已经疲累不堪,但他仍然要求自己的文章自然流畅、才华横溢；而在分析过程中，他竟奢望在问题一露头的时候就马上解决它。

接下来，患者必须知道，他的种种行为是受特定倾向驱使，而非依照自己的欲望和兴趣，这两者往往是背道而驰的。他必须清楚，这种强制力的发作是随机的，常常与现实情况无关。例如，他必须明白，他的吹毛求疵不单是对朋友，对敌人亦如此；无论对方做了什么他都要责骂：如果对方和蔼可亲，他就怀疑人家心里有愧；如果对方坚持自己，就被批为专横跋扈；如果人家表示让步，他就觉得是个懦夫；对方若喜欢和他相处，就会认为这人太容易接近；要是对方拒绝了什么，那这人就是个小气鬼，等等。再或者，如果讨论的是患者对自己是否被需要或受欢迎的不确定，他就必须明白，就算所有证据都指向反面，他的态度还是会一如既往。理解一种倾向的强迫性，还要认清这种倾向受挫时患者的反应。例如，如果这种倾向表现为患者需要温情，他就必须明白，任何拒绝或者友情不再的蛛丝马迹都会令他失落和恐惧，不管这种迹象是多么微小，或者那位朋友对他来说是多么无关紧要。

治疗步骤的第一步，是向患者表明他的问题到了什么程度；第二步，是让他明白问题背后那种力量的强度。两者都会激起患者深入探究的兴趣。

当分析过程进行到探究某种具体倾向的主观价值时，患者本人往往急于提供信息。他会表明，他对权威或任何类似的强制性东西的蔑视和反抗，都是迫不得已且生死攸关的，因为不这样的话他早就被专横的父母管得喘不过气了；而高人一等的想法曾经或仍然在帮助他克服缺乏自尊心的问题；至于他那孤僻或"不在乎"的态度则保护他不受伤害。的确，这种关系表现出一种防御意识，但也会泄露隐情。首先，我们从中可以知道为何患者需要某种特定倾向，接着还可以明白其历史价值，从而更好地理解患者病情的发展。此外，它还有助于我们理解这种倾向当下的功能。从治疗的角度看，这才是我们的首要兴趣。没有哪种神经症倾向或冲突只是过往生活的遗迹——就像一种习惯，一旦形成就会一直保持。可以确定，神经症倾向由当前人格结构中的迫切需要所决定。知道一种神经症怪癖为何会形成其实是次要的，因为我们必须改变的是当下正在起作用的力量。

在很大程度上，所有神经症状态的主观价值都在于它对其他神经症倾向的制衡作用。因此，透彻地理解这些价值将为继续治疗具体病例提供启示。举例来说，如果我们意识到一位患者无法放弃他的全知全能感，是因为这种感觉允许他把潜在的可能性当作现实，把美妙的蓝图当作已经取得的成就，我们就知道，接下来必须考查他对想象的依赖到了什么程度。如果我们看到他这样生活是为了对抗失败，就要注意究竟是哪些因素不但能让他预见失败，还让他一直对失败的到来惶惶不安。

治疗中最重要的步骤是让患者明白事情的另一面：他的神经症驱力和冲突还有使人丧失力量的作用。相关分析在上述步骤中已经有所涉及，不过关键是要让它具体而完整，只有这样患者才会真正感到需要改变。考虑到事实上每个神经症患者都在被迫维持现状，那就需要一种足够大的刺激去盖过这种阻力，才能引发改变。然而，这种刺激只能来自他对内心自由、幸福和成长的渴望，而且他必须意识到每种神经症表现都在阻碍这种渴望的实现。因此，如果他倾向于自我批判，他必须弄清楚这种态度是如何消磨了他的自尊，并让他失去希望；是如何令他觉得自己是多余的，甘心被虐待，但事后又反过来对此怀恨在心；是如何麻痹了他做事的动力和能力；而为了不坠入自卑的深渊，他又是如何迫不得已采取防御态度，比如自我膨胀、自我疏远，对自己抱有不现实的想法，他的神经症也因此一直存在。

同样地，当某个特定的冲突在分析过程中已然清晰可见时，医生必须要让患者意识到它对其生活的影响。例如，当自我抹煞的倾向与好胜心之间的冲突暴露出来的时候，就必须明白这是受虐狂固有的变态压抑的结果。患者必须清楚，在他每次自我抹煞之后，他是如何自我鄙视，又是如何对自己奉承的人满腔愤怒的；与此同时，他又是如何在每一次企图胜过他人时体会着对自己、对报复的恐惧。

有时候，即便患者知道了全部负面结果，却仍对克服自己的神经症倾向毫无兴趣。相反，这个难题似乎被他淡忘了。他神不知鬼不觉地把问题抛诸脑后，病情依然毫无起色。考虑到他其实已经明了这种倾向对他的伤害，他如此无动于衷便显得不寻常。可是，除非医生能极其敏锐地感知这种反应，否则患者缺乏兴趣的现象就会被忽略掉。然后，患者发起另一个话题，医生跟着他的思路，直到再次陷入同样的僵局。过了很久医生才会意识到，尽管他做了大量工作，但患者身上的变化却微乎其微。

如果医生知道这类反应偶尔会在患者身上出现，他就要问自己，是什么阻止患者认清现实，即这种对他造成许多伤害的倾向必须有所改变。原因通常有许多，只能一点点来解决。患者也许沉浸于绝望中太久了，懒得考虑改变的可能性。他想要打败医生，并让其受挫、出丑的冲动，可能远远超过了他对自己的兴趣。他的外化倾向也许仍很突出，尽管已经明知其后果，但他还是不能进行自我反省。他对全知全能感的需要也许仍然强烈,尽管他知道后果不可避免,内心还是坚信自己有办法应付;或者,他的理想化形象可能仍然很僵化,让他无法接受自己有任何神经症态度或冲突这一事实。于是,他只会对自己发怒,觉得自己本该有能力掌控具体的难题,因为他已经意识到了它的存在。了解上述可能性十分重要,因为医生如果忽视了这些阻碍患者改变的因素,分析就很容易退化为休斯顿·彼得森所谓的"躁狂心理"(mania psychological),即为研究而研究。帮助患者在这些情况下接受自己,会带来截然不同的收获。即便冲突本身丝毫不曾改变,患者也会深深体会到如释重负感,开始表现出想要挣脱罗网的迹象。这种有利条件一旦形成,改变很快就会出现。

当然,以上所述并不打算作为分析方法的定论。我既未试图涵盖治疗过程中所有会导致情况恶化的因素,也没有论尽所有有疗效的因素。例如,患者将自己的防御性特质与攻击性特质带进医患关系当中,由此造成的困难或带来的好处,我就没有讨论。尽管这是一个极其重要的因素。我描述的那些步骤只是关键程序,每发现一个新倾向或冲突时都必须经历一遍。不过,按照以上顺序进行往往是不可能的,因为患者可能难以理解他面临的问题,即便它已经成为突出的焦点。就像我们在那个霸占权力的例子当中所看到的,也许一个问题引发了另一个问题，但后者却必须优先分析。顺序是次要的，只要每个步骤最终都涉及了。

在分析工作中，处理的问题不同，具体症状的变化也各异。当患者认识到自己潜意识里的无奈的愤怒及其成因时，他的恐慌会减轻。当他看清自己所处的困境时，抑郁会加重。不过，认真做好每一步分析也会使患者对人对己的态度总体上发生某种变化，无论他的具体问题是否得到彻底解决。假如我们要处理的是各不相同的问题，比如过分重视性欲，认为现实会与想象一致，对强迫极其敏感，我们会发现，对它们的分析同样会影响整个人格。无论分析的是其中哪个难点，患者的敌意、绝望、恐惧以及疏远自我与他人等症状都会减轻。比如，让我们想想，在这些例子中，患者疏远自我的症状是怎样减轻的。过分重视性的患者只有在性经历和性幻想中才能感到自己还活着，他的成败都囿于性问题，他唯一自视甚高之处是自己的性吸引力。唯有理解了这种状况之后，他才会开始关注生活的其他方面，进而重新找回自己。一个总是用自己的想象和计划来与现实一一对应的人，已经失去了正常人应有的自我认识。他既无视自己的局限，也看不到自己真正的优点。经过医生的分析，他不再将自己的潜能误认为是已经获得的成就；他不但能面对，还能感受真实的自己。一个对强迫极其敏感的人，已经感知不到自己的渴望与信念，觉得都是别人在支配并强加于他。当医生分析这一状态之后，他开始明白自己真正想要的是什么，进而才能够为自己的目标而奋斗。

被压抑的敌意，不管其类别和根源是什么，在分析中都会涌现出来，让患者一时间非常易怒。但是，患者每抛弃一种神经症态度，他那种无名的敌意都会随之减少。当他看到那些难题中也有自己的因素便不再去外化问题，当他变得不那么脆弱、害怕、依赖、苛求……他的敌意就会大大减退。

敌意主要因绝望的减轻而缓解。当患者逐渐强大，受人威胁的感觉也会日渐减少。力量的增长有各种原因：他的生活重心曾经转向别人，现在回归自身；他感觉更积极主动了，并开始建立自己的价值观。他将逐渐拥有更多能量：曾经用来压抑自己的能量得到了释放，他不再那么压抑，不再被恐惧、自卑和绝望所麻痹；他不是盲目地顺从、对抗或者发泄施虐冲动，而是基于理性做出让步，所以显得更坚强。

最后，尽管已有的防御机制引发了患者暂时的焦虑，但每个步骤的有效实施必会对其有所缓解，因为患者已经不再那么害怕他人和自己了。

总体而言，做出这些改变的结果就是使患者与他人及自我的关系得到了改善。他不再像从前那么孤独，那么充满敌意；

他变得更强大，别人不再是需要对抗、操纵或逃避的威胁，他能够承受对他们友好的情感。随着外化被放弃，自卑消失无踪，他与自我的关系也有所好转。

如果我们考查一下分析过程中发生的变化，就会看到这些变化与产生最初冲突的那些条件有关。在神经症发展过程中，所有压力日益加剧，而治疗的过程中则正好相反。患者过去不得不以绝望、恐惧、敌意和孤独面对世界，现在这种态度已变得越来越无意义，因此渐渐被抛弃了。的确，如果他有能力与人平等相处，又怎会愿意为了自己痛恨的人和践踏自己的人而埋没或牺牲自己？如果他觉得安全，能够与他人生活并竞争，不必总担心被人群淹没，又怎会无止境地追逐权力和认可？如果他能够爱别人，并且不怕起争执，谁会忧心忡忡地避免与人交往？

完成这些需要时间。患者越是纠结，越是心防重重，花的时间就越多。人们希望分析治疗的过程简捷是可以理解的。我们也想看到更多的人从分析中受益，我们明白有一点帮助总比根本没用强。的确，神经症的程度差异极大，轻者短时间内就能见效。尽管有些短期心理治疗很有前途，不幸的是，其中不少都是在一厢情愿的情况下进行的，而且操作过程中又忽视了作用于神经症的巨大力量。我相信，对于严重的神经症患者，只有彻底理解其神经症的人格结构，不再浪费更多时间去寻求解释，分析过程才会缩短。

幸运的是，分析并非解决内部冲突的唯一途径。生活本身仍旧是个很好的治疗师。在人的诸多经历中，任意一个也许就足以改变人格：比如一个伟人的榜样作用；或者一个寻常的悲剧故事，让神经症患者去亲近他人，摆脱以自我为中心的孤独状态；也许是患者与人交往时意气相投，不再想着要去操纵或逃避别人。还有一种可能就是，神经症患者的行为后果也许太戏剧化或者频繁出现，令患者印象深刻，于是也就不那么害怕那么刻板了。

然而，生活本身的疗效非人力所能控制。无论是苦难，还是友谊，或是宗教体验，都不能被刻意安排去满足某个人的特定需要。作为治疗师的生活是冷酷无情的，对这个神经症患者有益的环境可能会彻底压垮那个人。而且，正如我们已经看到的，神经症患者认识到自己行为的后果并从中受益的能力非常有限。如果患者的确获得了这种从生活中学习的能力——也就是说，如果他能检讨自己对困境应负的责任并理解它，进而将这种见解应用于自己的生活——那么，我们就可以放心地结束分析工作了。

知道冲突在神经症中扮演的角色并认识到它们是可以解决

的，使得重新定义分析治疗的目标非常必要。尽管神经症失调属于医学领域，但从医学角度来界定分析治疗目标是行不通的。因为即便是心身失调的疾病，本质上仍是人格冲突的表现，所以界定治疗的目标必须从人格角度出发。

这样看来，我们的终极目标里包含了许多具体目标。患者必须获得自己承担责任的能力，这意味着他能够感觉到自己的积极主动，能为自己的生活负责，能够做决定并承担后果。然后，在此基础上承认自己对他人的责任，随时准备承担他信奉的价值所要求的义务，无论这些义务是关系到子女、父母、朋友、雇员、同事、社团，还是国家。

与此密切相关的另一个目标是获得内心的独立，也就是说，既不一味地反对别人的意见和信念，也不一味地接受。这一目标主要是能让患者建立自己的价值体系并将其应用于自己的真实生活中。至于人际关系方面，内心独立有助于患者建立对他人的个性及权力的尊重，并以此为基础，发展出真正的亲密关系。这与真正的民主精神也是一致的。

我们可以将这些目标定义为情感的自然发生，它是一种情感的觉醒和活力，无论是爱或恨、幸福或悲伤，还是恐惧或渴望。它包括表达的能力以及自我控制的能力。因为爱和友善的能力至关重要，所以在这里要特别提到。爱既不是寄人篱下的依赖，也不是施虐式的支配，而是像麦克穆雷①所说的，是"一种关系……它自身就是目的；我们交往，是因为对人来说分享彼此的体验再自然不过了；我们彼此理解，在共同生活中寻找欢乐和满足；向对方中表达自己并敞开心扉"。

对治疗目标最全面的概括应当是追求·全·心·全·意：没有伪装，感情真挚，能够全身心投入到感情、工作和信念中去。只有彻底解决了冲突，才可能接近这一目标。

这些治疗目标并非随意设定的，也不是仅仅因为它们契合了历代先贤追循的理想就将其作为有效目标。但这种契合绝非偶然，它们正是心理健康赖以存在的因素。我们设定这些目标是有理由的，因为它们都是在了解神经症致病因素后做出的合理设想。

我们敢于定下这么高的目标，靠的是这样一种信念——人格是能够改变的。并非只有幼童才易被塑造，只要一息尚存，我们大家都拥有着改变的能力，甚至可以从根本上改变。心理分析是促成彻底改变的最强有力的方式之一，我们对在神经症中发挥作用的力量越了解，实现梦寐以求的改变的机会也就越大。

---

① 参见麦克穆雷，同前。——原注

无论是医生,还是患者,都不可能完全达到这些目标。它们是理想,需要为之努力奋斗,其实际价值在于指明我们治疗和生活的方向。如果我们不明白理想的意义,就会陷入用新的理想化形象取代旧的那一个的危险。我们还必须清楚,医生并不能使患者变成个完人,他只能帮助患者变得自由,朝着理想的方向努力前进。这也意味着给了患者一个机会,使他成熟起来,得到成长。

图书在版编目(CIP)数据

我们内心的冲突/(美)霍尼(Karen Horney)著;
温华译.—上海:上海译文出版社,2018.3(2024.5重印)
(Loft)
书名原文:Our Inner Conflicts
ISBN 978-7-5327-7652-8

Ⅰ.①我… Ⅱ.①霍… ②温… Ⅲ.①精神分析—研究 Ⅳ.①B84-065

中国版本图书馆 CIP 数据核字(2017)第 281352 号

Karen Horney
Our Inner Conflicts
Routledge 2007
copyright © 1946 karen Horney
Simplified Chinese Copyright © 2018 Shanghai Translation Publishing House
All RIGHT RESERVED.

我们内心的冲突
[美] 卡伦·霍尼/著 温 华/译
责任编辑/钟 瑾 装帧设计/未氓设计工作室

上海译文出版社有限公司出版、发行
网址:www.yiwen.com.cn
201101 上海市闵行区号景路 159 弄 B 座
苏州市越洋印刷有限公司印刷

开本 787×1092 1/32 印张 7.75 插页 5 字数 112,000
2018 年 3 月第 1 版 2024 年 5 月第 4 次印刷
印数:9,001—11,000 册

ISBN 978-7-5327-7652-8/B·442
定价:45.00 元

本书中文简体字专有出版权归本社独家所有,非经本社同意不得连载、摘编或复制
如有质量问题,请与承印厂质量科联系。T:0512-68180628